安阳工学院博士科研启动基金项目
（项目编号：BSJ2022002）资助出版

基于机器学习的岩爆预测方法研究与应用

Research and Application of Rockburst Prediction Method Based on Machine Learning

田 睿　李燕卿　著

北 京
冶 金 工 业 出 版 社
2023

内 容 提 要

本书以301组岩爆工程实例作为岩爆烈度等级预测的样本数据，介绍了基于随机森林优化层次分析法—云模型（RF-AHP-CM）的岩爆烈度等级预测模型、基于改进萤火虫算法优化支持向量机（IGSO-SVM）的岩爆烈度等级预测模型、基于Dropout和改进Adam算法优化深度神经网络（DA-DNN）的岩爆烈度等级预测模型，并对不同岩爆烈度等级预测模型进行对比分析。另外，采用所构建的3个岩爆预测模型对内蒙古赤峰某金矿深部开采进行了岩爆预测，提出了相应的岩爆防治措施。

本书可作为从事地下岩土工程现场工程技术人员的指导书和工具书、重要部门管理者的参考书，也可作为高等院校矿业安全专业硕士和博士研究生的参考书。

图书在版编目(CIP)数据

基于机器学习的岩爆预测方法研究与应用/田睿，李燕卿著．—北京：冶金工业出版社，2023.2

ISBN 978-7-5024-9382-0

Ⅰ.①基…　Ⅱ.①田…　②李…　Ⅲ.①岩爆—预测—研究　Ⅳ.①P642

中国国家版本馆CIP数据核字(2023)第024783号

基于机器学习的岩爆预测方法研究与应用

出版发行　冶金工业出版社　　**电　话**　(010)64027926

地　址　北京市东城区嵩祝院北巷39号　　**邮　编**　100009

网　址　www.mip1953.com　　**电子信箱**　service@mip1953.com

责任编辑　赵缘园　美术编辑　彭子赫　版式设计　郑小利

责任校对　梁江凤　责任印制　窦　唯

北京建宏印刷有限公司印刷

2023年2月第1版，2023年2月第1次印刷

710mm×1000mm　1/16；9印张；173千字；131页

定价69.00元

投稿电话　(010)64027932　投稿信箱　tougao@cnmip.com.cn

营销中心电话　(010)64044283

冶金工业出版社天猫旗舰店　yjgycbs.tmall.com

前　言

随着水利水电、交通、矿山及国防工程等工程向深部发展，岩爆已成为制约深部工程安全的关键性问题，并引起了当前学界和工程界的重大关切。准确预测岩爆烈度等级具有重要学术价值和工程意义。岩爆烈度等级预测是岩爆防控的重要科学依据，准确实用的预测模型可有效地指导岩爆防控。然而由于岩爆机理及其影响因素的复杂性，同时岩爆预测方法尚不成熟，近年来，随着大数据、机器学习等技术的迅猛发展以及在工程领域的广泛应用，基于机器学习的岩爆预测方法很好地避免了人为因素影响，预测结果相对真实可靠，已成为该领域的重点研究课题。

本书基于建立的岩爆烈度等级预测数据库，采用机器学习技术，针对岩爆预测数据的随机性、模糊性、有限性、非线性、离散性等特点，提出了3个岩爆烈度等级预测模型，并验证了预测模型的有效性，同时将预测模型应用于内蒙古赤峰某金矿深部开采岩爆工程实践。

本书的核心内容如下：

(1) 建立了岩爆烈度等级预测数据库。通过分析4个岩爆工程实例，综合考虑岩爆的影响因素、特点以及内外因条件，选取洞壁围岩最大切向应力、岩石单轴抗压强度、岩石单轴抗拉强度和岩石弹性能量指数作为岩爆预测评价指标；通过对比分析国内外现有的岩爆烈度等级方案，考虑岩爆发生的强弱程度和主要影响因素，将岩爆烈度分为4级：Ⅰ级（无岩爆）、Ⅱ级（轻微岩爆）、Ⅲ级（中级岩爆）、Ⅳ级（强烈岩爆）；根据所确定的岩爆评价指标和岩爆烈度等级，建立了一个包含301组岩爆工程实例的数据库，作为岩爆烈度等级预测的样本数据。

（2）提出了基于随机森林优化层次分析法—云模型（RF-AHP-CM）的岩爆烈度等级预测模型。考虑岩爆预测的时效性，采用层次分析法（AHP）计算岩爆评价指标权重；并采用能够有效处理数据特征模糊的随机森林（RF）算法，建立了基于随机森林的岩爆评价指标重要性分析模型；根据指标重要性量化分析结果，构造层次分析法中的分析矩阵，优化层次分析法，构建了 RF-AHP 指标权重计算方法；结合云模型（CM），构建了 RF-AHP-CM 岩爆预测模型，其预测准确率可达 85%。该预测模型可判断主要发生的岩爆烈度等级，并可同时判断可能发生的岩爆烈度等级，有效地解决了具有不确定性、随机性和模糊性的岩爆预测问题。

（3）提出了基于改进萤火虫算法优化支持向量机（IGSO-SVM）的岩爆烈度等级预测模型。针对岩爆预测数据的有限性、非线性等特征，采用基于佳点集变步长策略的萤火虫算法（IGSO），优化支持向量机（SVM）的惩罚参数 C 和径向基函数参数 g，构建了 IGSO-SVM 岩爆预测模型，其预测准确率可达 90%。该预测模型避免了指标权重确定问题，通过直接学习岩爆工程实例数据，有效地解决了有限样本条件下非线性的岩爆预测问题。

（4）提出了基于 Dropout 和改进 Adam 算法优化深度神经网络（DA-DNN）的岩爆烈度等级预测模型。为适应更大规模的岩爆数据处理需求，采用深度神经网络（DNN），针对岩爆预测数据的离散性、有限性等特征，采用 Dropout 对模型进行正则化以防止发生过拟合。同时，为了提高预测模型的时效性和效稳性，采用改进 Adam 算法优化参数，构建了 DA-DNN 岩爆预测模型，其预测准确率可达 98.3%。该预测模型有效地解决了更大数据规模的岩爆预测问题。

（5）不同岩爆烈度等级预测模型的对比分析与工程实例应用。对 RF-AHP-CM 岩爆预测模型、IGSO-SVM 岩爆预测模型和 DA-DNN 岩爆预测模型从预测准确率、时效性和适用范围 3 个方面进行了对比分析，

3个岩爆预测模型各具优势，从不同角度有效地解决了岩爆预测问题。采用所构建的3个岩爆预测模型对内蒙古赤峰某金矿深部开采进行了岩爆预测，预测结果与现场实际情况具有较好的一致性，验证了所构建模型的准确性和实用性，最后根据岩爆预测结果和矿山生产实际，提出了8项相应的岩爆防治措施。

本书完成后，内蒙古科技大学的孟海东教授、陈世江教授、王创业教授、张飞教授、魏光普教授、杨高炜博士，安阳工学院的刘占宁博士进行了审阅，提出了许多宝贵的意见，给予了作者很大的帮助，在此向他们表示衷心的感谢。

本书在编写过程中参考了诸多专家学者的著作和论文，广泛征求了各方面的意见和建议，对书稿反复研究和讨论，几易其稿，最后形成较为完整的知识体系架构。但由于作者水平所限，书中难免有不妥之处，诚恳欢迎各位专家和学者批评指正。

著　者

2022年9月于安阳

目　　录

1 绪　　论

1.1 研究背景与意义

岩爆是在高地应力条件下，深部岩体因受开挖、开采或其他外界扰动，岩体中聚积的弹性变形势能突然释放，导致围岩产生爆裂、剥离、弹射甚至抛掷的动力现象，它是一种复杂的动力失稳地质灾害[1]。随着经济社会的发展，岩爆成为大型水电、交通、矿山及国防地下工程向深部发展后的一大瓶颈问题。岩爆灾害日益频繁，直接威胁人员和设备的安全，严重影响工程进度，具有极强的随机性、突发性和破坏性[2]。例如，2009 年，锦屏二级水电站排水洞施工时突发岩爆，现场施工人员 7 死 1 伤，隧道掘进机（Tunnel boring machine，TBM）永久长埋[3]；川藏铁路桑珠岭隧道和巴玉隧道在开挖过程中，发生了大范围、多点位、从轻微到强烈的岩爆[4]；新疆阿舍勒铜矿开采深度达 900m，自深部井巷开拓以来，发生数十次岩爆[5]。岩爆是未来大型地下岩土工程必须要解决的关键问题之一。

从已发生的岩爆工程实例来看，若岩爆烈度等级能够提前准确预测，通过合理的选址选线、开挖或开采方法优选、支护方式优化等防控手段，可规避或降低岩爆危害[6]。因此，作为岩爆防控核心的岩爆预测研究显得十分必要和紧迫。近年来，岩爆预测备受国内外岩石力学界学者们的高度关注，已成为岩爆研究领域的热点。在浅部的工程实践中，通常是在对现场岩石取样分析的基础上，采用基于岩爆机理建立的各种判据方法预测岩爆烈度等级，指导现场施工作业。但是进入深部后，简单方法应用受限，岩爆因受众多因素影响，发生机理更为复杂，传统岩爆烈度等级预测模型在指标权重确定和实际工程应用等方面，其有效性还有待提高。准确可靠地预测岩爆烈度等级是为了及时有效地规避和控制岩爆。因此，在已有研究的基础上，进一步研究岩爆预测方法，寻找更优的算法，建立更为准确、实用的岩爆烈度等级预测模型，对于降低岩爆带来的损失，提高岩爆防控技术水平，具有重要的理论和工程应用价值。

鉴于此，本书建立了包含有 301 组岩爆工程实例的数据库，作为岩爆烈度等级预测的样本数据；采用机器学习技术，针对岩爆预测数据随机性、模糊性、有限性、非线性、离散性等特点，深度挖掘数据价值，提出了基于随机森林优化层次分析法—云模型（Random forest-analytic hierarchy process-cloud model，RF-AHP-CM）的岩爆烈度等级预测模型，基于改进萤火虫算法优化支持向量机（Improved glowworm swarm optimization-support vector machine，IGSO-SVM）的岩爆烈度等级预测模型，以及基于 Dropout 和改进 Adam 算法优化深度神经网络（Dropout-improved adam-deep neural network，DA-DNN）的岩爆烈度等级预测模型；采用 3 个岩爆预测模型对 60 组岩爆工程实例进行岩爆烈度等级预测，验证了模型的有效性；对比分析了 3 个岩爆预测模型的预测准确率、时效性和适用范围，综合评估了模型性能，3 个岩爆预测模型各具优势，从不同角度有效地解决了岩爆预测问题；采用 3 个岩爆预测模型对内蒙古赤峰某金矿深部开采进行了岩爆预测，现场实际情况进一步验证了模型的准确性和实用性。该项研究对于扩充岩爆理论预测体系具有重要的理论意义，对于指导岩爆现场防控具有重要的实际应用价值。

1.2 国内外研究现状

为了建立正确反映岩爆规律的预测模型，首先需要深入了解岩爆机理。岩爆预测的研究是基于对岩爆机理的认识，并为岩爆防治提供依据。岩爆防治的实践是对岩爆机理和岩爆预测的反馈。如图 1-1 所示，本节主要围绕岩爆机理、岩爆预测、岩爆防治三个方面的研究现状进行文献综述。

1.2.1 岩爆机理研究现状

目前，岩爆机理研究已取得了一系列重要成果，但是岩爆的孕育和发生是一个极为复杂的过程，岩石力学领域对岩爆机理仍未有统一的认识。在工程实践、室内岩样试验和物理模型试验、现场原位综合观测和实时监测等基础上，学者们对岩爆机理有了更深的认识，各种理论陆续被提出用于解释岩爆机理。

1.2.1.1 强度理论

任何材料的破坏都要求其承受的应力大于其自身强度，岩体也是[7]。岩体开挖后，应力集中区会在硐壁附近形成，当岩体承受的应力大于岩体自身强度时，岩体破坏，如果这种破坏十分猛烈，就形成了岩爆，岩爆发生的条件为[8]：

$$\frac{\sigma}{\sigma^*} \geqslant 1 \tag{1-1}$$

式中 σ——岩体承受的应力；

σ^*——岩体自身强度。

强度理论只是岩爆发生的必要条件，而非充分条件，无法区别普通岩体破坏和岩爆。

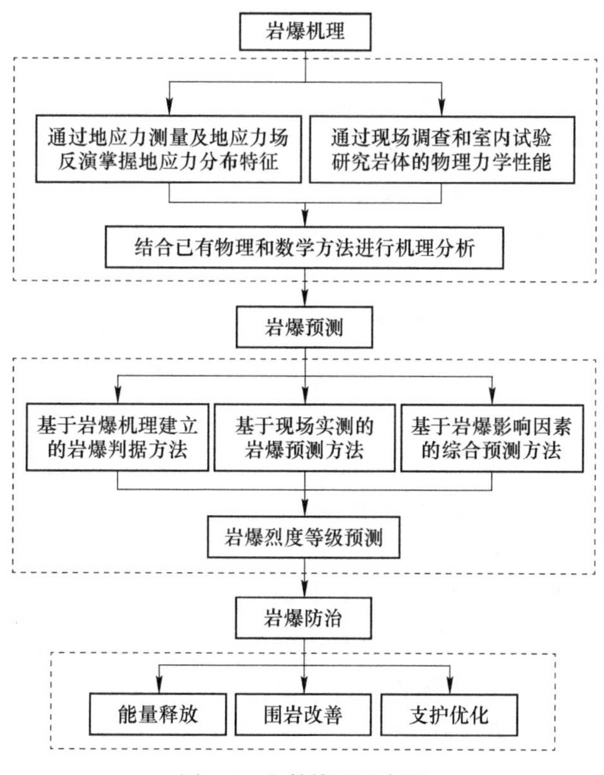

图 1-1 文献综述示意图

1.2.1.2 刚度理论

刚度理论源于刚性压力机理论，试验机为矿山结构，试件为围岩，岩爆发生的条件为：(1) 矿山结构所受载荷达到强度极限；(2) 矿山结构刚度大于围岩刚度[8]。潘一山[9]利用橡胶与松香构成的相似材料进行实验研究，提出了岩爆刚度公式：

$$K_m < K_s \tag{1-2}$$

式中 K_m——岩体加载过程的刚度；

K_s——岩体卸载过程的刚度。

刚度理论从某种程度上揭示了岩爆发生原因，但却不能反映岩爆动力过程。

1.2.1.3 能量理论

20 世纪 60 年代，在南非岩爆研究成果的基础上，COOK N G W[10]首次提出能量理论；随后，WONG T F 等[11]又提出了剩余能量的理论，其判据公式如下：

$$\alpha \frac{dW_E}{dt} + \beta \frac{dW_S}{dt} > \frac{dW_D}{dt} \tag{1-3}$$

式中　W_S——岩体变形能；

W_E——围岩变形能；

W_D——岩体-围岩整体破坏所需能量；

β——岩体变形能释放系数；

α——围岩变形能释放系数。

式（1-3）考虑了岩爆发生时各部分能量所需满足的条件。殷有泉[12]则研究了能量形式的断层失稳准则。

在煤（岩）变形破坏机理研究的基础上，章梦涛[13]又进一步提出了冲击地压失稳理论；唐宝庆[14]从岩石应力—应变全过程曲线的角度提出了岩爆的能量指标。

能量理论考虑了时间和空间的影响，揭示了岩爆发生的能量所需满足的条件，但未说明岩体破坏和围岩释放能量所需的具体条件。

1.2.1.4　冲击倾向性理论

利用实验室实测的岩石物理力学性质指标进行岩爆预测，当实际冲击倾向度大于规定限值，即发生岩爆[15]。国内外学者提出了多种表征岩爆倾向的指标判据，如岩石脆性系数、弹性变性能指数、RQD 指标等[16-18]。

冲击倾向性理论简单、易操作，可为岩爆防控提供参考，但不能作为岩爆发生的判据。

1.2.1.5　失稳理论

20 世纪 60 年代中期，COOK N G W 最早将失稳理论应用于岩爆，通过岩石应力—应变曲线研究采动岩体的稳定性[19]；LIPPMANN H[20]将岩体弹塑性静力平衡失稳引起的结构破坏定义为岩爆，并提出了冲击地压的初等理论；章梦涛[21]建立了冲击地压和突出统一的失稳理论。

失稳理论作为强度理论和能量理论的综合与补充，推动了岩爆机理定量化和岩爆数值模拟分析的研究向前发展。

1.2.1.6　断裂损伤理论

MANSUROV V A[22]运用断裂理论研究岩体破裂过程的演变规律，并提出固体强度概念；BAZANT Z P[23]研究了岩体断裂时裂纹在扩展过程中的尺寸效应和能量损失，这使得对岩爆能量进行估算成为可能；周瑞忠[24]研究了掘进面岩爆计算模型的断裂力学行为，探明了岩爆发生的力学机理，确定了岩爆发生的临界条件，定量解释了岩爆发生的总体规律。

断裂损伤理论研究岩爆的实质是将岩石失稳破坏过程等同于岩石损伤累积过程。

1.2.1.7 突变理论

应用突变理论，赵本均等[25]较早研究了断层错动的尖点突变模型；唐春安[26]建立了试验机—岩样以及两岩体相互作用的突变理论模型；潘岳[27,28]应用突变理论建立了顶板大面积冒落的“折断式”突变模型和硬脆性岩巷冲击地压的“封闭式”突变模型。

突变理论从岩石的突变理论模型建立入手，定量分析岩石的应力、刚度和能量耗散，定性揭示岩爆机理。突变理论判断岩爆是否发生，主要是在分析岩石应力—应变曲线的基础上，建立起岩体势函数的突变模型[29,30]。

1.2.1.8 分形理论

20 世纪 90 年代初，谢和平[32]引入由 MANDEBROT B B[31]提出的分形理论研究岩爆，通过采用分形数目—半径关系，研究微地震事件发生的位置分布，分形集聚所需能量耗散与分形维数的关系如式（1-4）所示：

$$D = C_1 \exp(-C_2 E) \tag{1-4}$$

式中 D——分形维数；

C_1，C_2——常数；

E——能量耗散。

李玉[33]研究了门头沟煤矿微震活动的分形特征，指出采区微震空间变化的分形维数可作为冲击地压预测的有效指标之一；李德建[34]研究了花岗岩岩爆碎屑的分形特征。

分形理论只是从理论角度解释岩爆，还未用于岩爆预测工程实践中。

1.2.1.9 三准则理论

在强度理论、能量理论、冲击倾向性理论的基础上，李玉生[35]、赵本均[25]、齐庆新[36,37]等提出了岩爆三准则理论：强度准则只是岩体的破坏准则，能量准则和冲击倾向性准则才是岩体的失稳破坏准则，岩爆发生的充分必要条件是三个准则同时满足。

传统理论在解释岩爆时，都不可避免地进行假设或基于特定的条件限制，因此，无论单准则还是多准则，都无法较好地阐述岩爆发生的机理。

目前对于岩爆机理的研究，已经从单一的室内岩样实验和力学理论研究，发展到室内试验、现场原位观测、现场实时监测等多技术、多角度、多学科综合研究，但岩爆的孕育过程和发生机制极为复杂，到目前为止，岩石力学领域的学者们仍未形成统一认识，对岩爆机理的研究任重而道远。

1.2.2 岩爆预测研究现状

目前，国内外针对岩爆预测的研究可归纳为 3 大类：（1）基于岩爆机理的岩爆判据方法；(2) 基于现场实测的岩爆预测方法；(3) 基于岩爆影响因素的综合预测方法。

1.2.2.1 基于岩爆机理的岩爆判据方法

A 强度理论判据

如表 1-1 所示，强度理论判据是学者们研究最多的判据。

表 1-1 强度理论判据

判据名称	提出者	判据表达式	参数说明
Russenes 判据	RUSSENES B F[38]	$\sigma_\theta/\sigma_c < 0.20$，无岩爆； $0.20 \leqslant \sigma_\theta/\sigma_c < 0.30$，弱岩爆； $0.30 \leqslant \sigma_\theta/\sigma_c < 0.55$，中岩爆； $\sigma_\theta/\sigma_c \geqslant 0.55$，强岩爆	σ_θ 为硐壁围岩最大切向应力； σ_c 为岩石单轴抗压强度
Barton 判据	BARTON N[39]	$\sigma_c/\sigma_1 > 0.5$，无岩爆； $5.0 \geqslant \sigma_c/\sigma_1 > 2.5$，发生岩爆； $\sigma_c/\sigma_1 \leqslant 2.5$，强岩爆	σ_c 为岩石单轴抗压强度； σ_1 为硐室围岩位置最大地应力
Turchaninov 判据	TURCHANINOV I A[40]	$(\sigma_\theta + \sigma_L)/\sigma_c \leqslant 0.3$，无岩爆； $0.3 < (\sigma_\theta + \sigma_L)/\sigma_c \leqslant 0.5$，可能有岩爆； $0.5 < (\sigma_\theta + \sigma_L)/\sigma_c \leqslant 0.8$，肯定有岩爆； $(\sigma_\theta + \sigma_L)/\sigma_c > 0.8$，有严重岩爆	σ_θ 为硐壁围岩最大切向应力； σ_L 为硐室轴向应力； σ_c 为岩石单轴抗压强度
Hoek 判据	HOEK E[41]	$\sigma_\theta/\sigma_c \leqslant 0.34$，少量片帮，Ⅰ级； $0.34 < \sigma_\theta/\sigma_c \leqslant 0.42$，严重片帮，Ⅱ级； $0.42 < \sigma_\theta/\sigma_c \leqslant 0.56$，需重型支护，Ⅲ级； $0.56 < \sigma_\theta/\sigma_c \leqslant 0.70$，严重岩爆，Ⅳ级	σ_θ 为硐壁围岩最大切向应力； σ_c 为岩石单轴抗压强度
陶振宇判据	陶振宇[42]	$\sigma_c/\sigma_1 > 14.5$，无岩爆，没有声发射现象； $14.5 \geqslant \sigma_c/\sigma_1 > 5.5$，低岩爆，轻微声发射现象； $5.5 \geqslant \sigma_c/\sigma_1 > 2.5$，中岩爆，较强声发射现象； $\sigma_c/\sigma_1 \leqslant 2.5$，高岩爆，很强声发射现象	σ_c 为岩石单轴抗压强度； σ_1 为硐室围岩位置最大地应力

续表 1-1

判据名称	提出者	判据表达式	参数说明
二郎山判据	徐林生和王兰生[43]	$\sigma_\theta/\sigma_c < 0.3$，无岩爆； $0.3 \leqslant \sigma_\theta/\sigma_c < 0.5$，弱岩爆； $0.5 \leqslant \sigma_\theta/\sigma_c \leqslant 0.7$，中岩爆； $\sigma_\theta/\sigma_c > 0.7$，强岩爆	σ_θ 为硐壁围岩最大切向应力； σ_c 为岩石单轴抗压强度

随着岩爆研究的不断深入，人们逐渐认识到强度理论判据不能全面地描述岩爆，故而又相继提出了能量理论判据、脆性指标判据、临界深度判据。

B 能量理论判据

能量理论判据如表 1-2 所示。

表 1-2 能量理论判据

判据名称	提出者	判据表达式	参数说明
能量储耗指数法	KIDYBINSKI A Q[44]	$W_{et} < 2.0$，无岩爆； $2.0 \leqslant W_{et} < 4.9$，中岩爆； $W_{et} \geqslant 5.0$，强岩爆	W_{et} 为岩石弹性能量指数
倾向性指标	唐礼忠[45]	$k = \dfrac{\sigma_c}{\sigma_t} \times \dfrac{\varepsilon_f}{\varepsilon_b}$	σ_c 为岩石单轴抗压强度； σ_t 为岩石单轴抗拉强度； ε_f 为岩石在峰值前的总应变量； ε_b 为岩石在峰值后的总应变量
能量比法	许梦国[46]	$\eta = \dfrac{\Phi_k}{\Phi_0} \times 100\%$； $\Phi_0 = \dfrac{1}{2}\sigma_{max}\varepsilon_{max}$； $\Phi_k = \sum_{i=1}^{n} \dfrac{1}{2} m_i v_i^2$	Φ_k 为岩体破坏时释放的动能； Φ_0 为岩体内储存的弹性应变能； σ_{max} 为最大应力值； ε_{max} 为最大弹性应变； n 为碎裂后抛出的岩块的数量； m_i 为第 i 岩块的质量； v_i 为第 i 岩块的速度

续表 1-2

判据名称	提出者	判据表达式	参数说明
能量判据	陈卫忠[47]	U/U_0 = 0.3，少量片帮，Ⅰ级，弱岩爆； U/U_0 = 0.4，严重片帮，Ⅱ级，中等岩爆； U/U_0 = 0.5，重型支护，Ⅲ级，强烈岩爆； $U/U_0 \geq 0.7$，严重破坏，Ⅳ级，严重岩爆	U 为有限元计算中每个围岩单元体的实际能量； U_0 为岩石极限储存能
能量倾向指数法	侯发亮[48]	$W_{qx} = \dfrac{\phi_Z}{\phi_H}$	ϕ_Z 为岩石试件峰值强度前应力—应变曲线所围面积； ϕ_H 为岩石峰值强度后应力—应变曲线所围面积

C 脆性指标判据

脆性指标判据如表 1-3 所示。

表 1-3 脆性指标判据

判据名称	提出者	判据表达式	参数说明
陆家佑判据	陆家佑[49]	$\dfrac{\sigma_\theta}{\sigma_c} \geq K_s$	σ_θ 为硐壁围岩最大切向应力； σ_c 为岩石单轴抗压强度； K_s 为与岩石单轴抗压强度和单轴抗拉强度比值有关的参数
变形脆性系数法	许梦国[46]	$U/U_1 \leq 2.0$，无岩爆； $2.0 < U/U_1 \leq 6.0$，弱岩爆； $6.0 < U/U_1 \leq 9.0$，中岩爆； $U/U_1 > 9.0$，强岩爆	U 为岩石峰值前的总变形； U_1 为岩石的永久变形

D 临界深度判据

临界深度判据如表 1-4 所示。

表 1-4 临界深度判据

判据名称	提出者	判据表达式	参数说明
临界埋深判据一	侯发亮[50]	$H_{cr} = \dfrac{0.318(1-\mu)\sigma_c}{(3-4\mu)\gamma}$	σ_c 为岩石单轴抗压强度； H_{cr} 为岩爆发生的临界深度； γ 为岩石容重

续表 1-4

判据名称	提出者	判据表达式	参数说明
临界埋深判据二	彭祝[51]	$H_{cr}=\dfrac{8\sigma_t}{[(1+\lambda_1)+2(1-\lambda_1)\cos2\theta]\gamma}$	σ_t 为岩石单轴抗拉强度；γ 为岩石容重；λ_1 为侧向压力系数；θ 为岩石摩擦角
临界埋深判据三	潘一山[52]	$H_{cr}=\dfrac{\sigma_c(1-\sin\varphi)\lambda_2}{2E\gamma\sin\varphi}\left[\left(1+\dfrac{E}{\lambda_2}\right)^{\frac{1}{1-\sin\varphi}}-\dfrac{E}{\lambda_2}-1\right]$	E 为岩体弹性模量；λ_2 为降模量；φ 为岩体摩擦角

岩爆的产生是多因素共同作用的结果，上述判据仅从一个方面判断岩爆发生与否，存在一定的片面性和局限性，随着研究的深入，岩爆判据由单一向复合多元逐渐转变。

E 复合判据

复合判据如表 1-5 所示。

表 1-5 复合判据

判据名称	提出者	判据表达式	参数说明
秦岭隧道岩爆判据	谷明成[53]	$R_c\geqslant15R_t$；$W_{et}\geqslant2.0$；$\sigma_\theta\geqslant0.3R_c$；$K_v\geqslant0.55$	σ_θ 为硐壁围岩最大切向应力；R_t 为岩石单轴抗拉强度；R_c 为岩石单轴抗压强度；W_{et}为岩石弹性能量指数；K_v 为岩体完整性系数
天生桥二级水电站岩爆判据	天生桥二级水电站岩爆课题组[54]	$\sigma_\theta\geqslant\left(0.3+0.2\dfrac{\sigma_L}{\sigma_\theta}\right)\sigma_c$；$W_{et}\geqslant5$	σ_L 为围岩轴向应力；σ_c 为岩石单轴抗压强度
修改后的谷—陶岩爆判据	张镜剑[55]	$\sigma_1\geqslant0.15\sigma_c$；$\sigma_c\geqslant15\sigma_t$；$K_v\geqslant0.55$；$W_{et}\geqslant2.0$	σ_1 为初始应力场最大主应力；σ_t 为岩石单轴抗拉强度

总体而言，基于岩爆机理的岩爆判据方法研究已经做了大量的工作，但岩爆受多种因素影响，针对岩爆某一指标制定的基于岩爆机理的判据方法，无法准确、全面描述岩爆，而基于某一工程建立的复合判据，普适性还有待提高。

1.2.2.2 基于现场实测的岩爆预测方法

基于现场实测的岩爆预测方法主要是直接测试和监测现场岩体，从而判断岩爆是否发生，主要包括声发射法（或微震法）、微重力法、电磁辐射法、流变法、回弹法、光弹法、钻屑法等。这类方法的最大优势是能够获取最及时的现场实测信息，然后建立岩体开挖过程中出现的具体现象与实测信息之间的对应关系，为后续岩爆预测提供基础。

将目前应用最多的 3 种方法分述如下：

（1）声发射法。通过实验观测发现，岩石在临近破坏前会有声发射现象，岩爆的声发射预测方法是在岩爆孕育过程中最直接的监测和预报方法[56,57]。在岩爆孕育初期到岩爆发生前，声发射信号逐渐增强，然后突然减弱，利用这一特征，在可能发生岩爆的部位布置传感器，通过声发射信号处理和判译，实现岩爆预测预警[58]。运用声发射方法，探索了二滩水电站施工过程中的围岩损伤演化[59]。

（2）微重力法。FAJKLEWICZ Z[60] 利用 BIENIAWSKI Z J[61] 建立的扩容模型，解释了微重力异常与岩爆发生前作用过程的关系。该模型中应力作用下的脆性岩石发生破裂的过程可分为 5 个阶段。在裂隙的闭合阶段、完全弹性变形阶段和稳定断裂扩展阶段之初，岩石处于压缩状态；从不稳定断裂扩展阶段初开始，岩石体积开始膨胀，最高可达 20%，岩石密度相应降低；岩爆发生在不稳定断裂扩展阶段末至裂隙的分岔和愈合阶段初的交汇期间。微重力法可测量从开始扩容到岩爆发生这段“时间差”内岩石体积或密度的变化[62]。

（3）电磁辐射法。岩体在破坏过程中向外辐射电磁能量的现象称之为电磁辐射。在弹性变形阶段和岩体屈服后，都不发生电磁辐射，只有当荷载在峰值强度附近时，电磁辐射才最强烈。根据这一原理，监测围岩周围发出的电磁辐射信号可以预测岩爆[63,64]。

基于现场实测的岩爆预测方法具有针对性强的突出优点，但也存在一些不足：1）现场的环境一般较为嘈杂，而监测信息的幅值通常较小，监测数据的精度受现场施工影响较大；2）现场监测无法在工程施工前预测岩爆，强烈岩爆发生突然，现场监测信息反馈的结果是否可以及时指导施工，目前存有质疑；3）现场监测的设备购置、安装、维护等费用较高，限制了基于现场实测的岩爆预测方法的应用。

1.2.2.3 基于岩爆影响因素的综合预测方法

因岩爆孕育和发生机理复杂，影响因素众多，基于岩爆影响因素的综合预测方法考虑问题相对全面，对工程实践具有较好的指导意义，近年来，这类方法引起了学者们的广泛关注[6]。

基于岩爆影响因素的综合预测方法又可以分为两类：基于岩爆指标判据的综合预测方法和基于岩爆实例样本数据的综合预测方法，如图 1-2 所示。

A 基于岩爆指标判据的综合预测方法

基于岩爆指标判据的综合预测方法是以岩爆工程实例样本数据为基础，基于

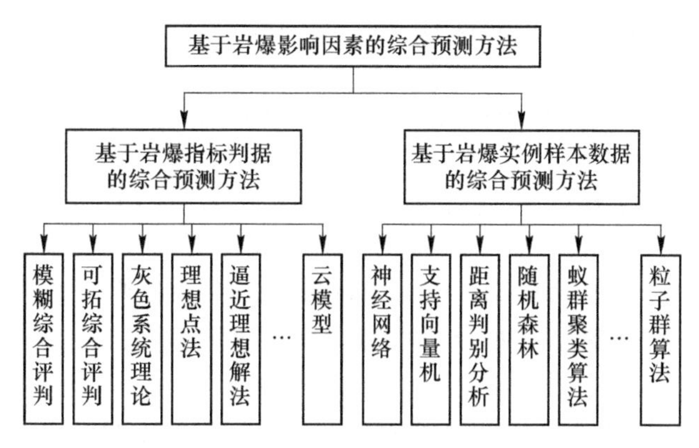

图 1-2 基于岩爆影响因素的综合预测方法

某种理论，综合岩爆影响因素对岩爆发生的影响，建立预测模型，模型的可靠性依赖于岩爆评价指标权重的合理分配。

a 模糊综合评判

谭以安[65]最早提出了一种基于模糊数学理论的多因素岩爆预测方法，并在天生桥电站引水洞进行了岩爆预测。之后，王元汉[66]、ADOKO A C[67]、WANG C L[68]又进行了深入研究，分别建立了基于模糊数学理论的岩爆预测模型。

模糊综合评判方法简单易行，结论明确，但该方法中岩爆评价指标权重的确定依赖于主观因素。

b 可拓综合评判

可拓学是蔡文于 1983 年创立的一门新学科[69]。杨莹春[70]最早应用可拓学理论建立了多指标的岩爆等级预报综合评价模型。张永习[71]、胡建华[72]、尹彬[73]等人又进行了改进，分别建立了基于物元可拓的岩爆预测模型。

可拓综合评判方法难以对混合型及中间型的岩爆作出预测。

c 灰色系统理论

姜彤等[74]应用最小二乘法构造目标函数，提出了动态权重计算方法和综合评判指数的概念，建立了基于灰色系统最优归类的岩爆预测模型。之后，基于非线性灰色归类的岩爆预测模型[75]、基于灰色关联系统分析的岩爆预测模型[76]等改进模型相继被提出。

采用灰色理论进行岩爆预测，容易受原始数据影响，当数据序列波动较大，预测的精度会降低。

d 理想点法

王迎超[77]将理想点法引入到岩爆预测中，采用信息熵理论确定各评价指标的权重，运用熵权—理想点法对苍岭隧道进行了岩爆风险性评估；贾义鹏[78]建立了基于粗糙集—理想点法的岩爆预测模型；刘磊磊[79]建立了岩爆烈度预测的物元—理想点模型；徐琛[80]构建了应变型岩爆组合权重—理想点法预测分析模型。

理想点法只是一种评价分析方法，使用时还需合理确定评价指标和理想点。

e　逼近理想解法

周科平[81]引入多目标决策理论，建立了基于粗糙集—逼近理想解法（RS-TOPSIS）的岩爆预测模型；龚剑[82]将层次分析法（AHP）和逼近理想解排序法相结合，构建了基于 AHP-TOPSIS 的岩爆综合评判模型；胡泉光[83]提出一种"AHP+熵权法"组合赋权方法，建立了基于逼近理想解排序法的岩爆等级综合评判模型。

逼近理想解排序法能根据有限个评价对象与理想目标的接近程度排序，但分析较多因素时，较难确定指标权重。

f　云模型

云模型[84]是李德毅院士提出的一种处理不确定性问题的认知模型。王迎超[85]最早将人工智能中正态云模型引入岩爆烈度的等级预测研究中，建立了基于德尔菲法和正态云的岩爆综合评判模型。之后，郝杰[86]、ZHOU K P[87]、张彪[88]、过江[89]、李绍红[90]分别提出了各种改进的云模型用于岩爆烈度预测。

利用云模型能够有效地解决岩爆预测的不确定性、随机性、模糊性问题，但利用云模型进行岩爆预测的核心是合理确定评价指标的权重，如何克服权重计算中人为主观性、灵活性不足、实用性不强等缺点，是岩爆预测结果具备可信度的关键。

g　其他方法

文畅平[91]应用属性数学理论建立了岩爆烈度预测的属性识别模型；汪明武[92]借鉴模糊联系度的思想，建立了基于集对分析的岩爆预测模型；史秀志[93]引入未确知数学理论，建立了基于未确知测度的岩爆烈度等级预测模型；王迎超[94]基于社会经济学中的功效系数法，建立了基于粗糙集—功效系数的岩爆烈度等级预测模型；贾义鹏[95]采用粗糙集理论确定了各证据体的确定信度，建立了基于证据理论的岩爆烈度等级预测模型；刘磊磊[96]将变权理论和靶心贴近度相结合，进行岩爆烈度预测。

B　基于岩爆实例样本数据的综合预测方法

基于岩爆实例样本数据的综合预测方法建立模型的准确性和可靠性较依赖于岩爆实例样本数据的数量和质量，岩爆数据越多，质量越好，所建立的模型越可靠。

a　神经网络

1994 年，冯夏庭[97]最早应用神经网络理论，提出了自适应模式识别的岩爆预报方法。之后，陈海军[98]采用附加动量法和自适应学习速率改进 BP 算法，建立了岩爆预测的神经网络模型；周科平[99]利用地理信息系统（GIS）的空间数据分析技术和模糊自组织神经网络，建立了一个基于 GIS 技术的岩爆倾向性模糊自组织神经网络模型；葛启发[100]采用 AdaBoost 的组合学习方法，构建了基于

AdaBoost—人工神经网络的岩爆等级预测模型；彭琦[101]采用小波神经网络与突变理论，建立了岩爆预测模型；张乐文[102]使用遗传算法优化径向基函数（RBF）神经网络参数，建立了基于粗糙集理论的遗传—RBF神经网络的岩爆预测模型；贾义鹏[103]提出一种基于粒子群算法和广义回归神经网络模型（PSO-GRNN）的岩爆预测方法；FARADONBEH R S[104]建立了基于情感神经网络的岩爆预测模型；吴顺川[105]采用主成分分析法对原始数据预处理，建立了基于概率神经网络的岩爆烈度预测模型。

神经网络作为一种多元非线性动力学系统，具有强大的自学习能力和非线性映射能力。可方便地建模分析多因素影响的复杂问题，但是对学习样本的数量和质量要求高，遇到具体问题需适当调整参数，模型复杂与否直接影响调整参数的难易程度。

b 支持向量机

冯夏庭[106]运用支持向量机理论，分别以隧道、VCR采场和碳化采场建立了3个基于支持向量机的岩爆预测模型；祝云华[107]建立了一种基于改进支持向量机算法（ν-SVR）的岩爆预测方法；ZHOU J[108]对比了粒子群算法—支持向量机（PSO-SVM）、遗传算法—支持向量机（GA-SVM）和网格搜索法—支持向量机（GSM-SVM）3个基于支持向量机的岩爆预测模型；李宁[109]建立了基于粗糙集理论和粒子群支持向量机（RS-PSOSVM）的岩爆预测模型；PU Y Y[110]搜集了246组岩爆案例数据，采用支持向量分类器（SVC）对钻石矿发生在金伯利岩中的岩爆进行了预测；WU S C[111]建立了基于最小二乘支持向量机（LSSVM）的岩爆预测模型。

支持向量机能有效地解决非线性、有限样本学习的实际问题，但不适用于大规模数据集，随着样本容量增加，模型的运算量会逐渐增大，执行时间会显著增加，以至于最终难以使用。

c 距离判别分析

宫凤强[112]采用判别分析理论，建立了基于距离判别分析的岩爆烈度等级预测模型；白云飞[113]将Fisher判别分析（FDA）理论应用到深部硬岩岩爆预测中，建立了岩爆预测的FDA模型；付玉华[114]、宫凤强[115]分别应用贝叶斯判别（Bayes）理论建立了岩爆预测的Bayes判别模型。

采用距离判别分析进行岩爆预测，模型准确性受样本数据容量和原始资料数据代表性的影响较大。

d 随机森林

杨悦增[116]在引入随机森林算法的基础上，建立了岩爆等级预测的随机森林模型；DONG L J[117]也建立了岩爆等级判定的随机森林分析模型。

随机森林判别能力强，误判率低，对于小样本或低维数据处理能力有限，较适用于高维数据。

e　其他方法

苏国韶[118]提出了基于K-最近邻案例推理的岩爆预测方法；高玮[119]将蚁群聚类算法引入岩爆研究领域，采用蚁群聚类算法，以工程类比的思想判断岩爆的发生状态；张研[120]提出了一种基于高斯过程二元分类模型的岩爆等级识别方法；田杰[121]在样本综合评价值与经验等级关系的基础上，建立了基于分形—插值的岩爆评价模型；言志信[122]通过具有全局寻优性能的粒子群算法对函数参数优化求解，建立了基于粒子群优化偏最小二乘逻辑曲线（PLS-LCF）的岩爆预测模型；王羽[123]提出了基于非线性参数优化的高斯径向基函数—自回归模型（RBF-AR）的岩爆预测模型；PU Y Y[124]基于132组训练样本建立了岩爆预测的决策树模型；ZHOU J[125]基于246组岩爆样本数据，评估了线性判别分析（LDA）、二次判别分析（QDA）、偏最小二乘回归分析（PLSDA）、朴素贝叶斯（NB）、K-近邻（KNN）、多层感知器神经网络（MLPNN）、分类树（CT）、支持向量机（SVM）、随机森林（RF）及梯度提升树（GBM）10种方法的岩爆预测能力。

上述岩爆预测的方法和理论，均各自从不同的角度取得了一定的预测效果，对于该问题的研究起到了巨大推动作用。但是受岩爆机理的复杂性、影响因素的多样性及各类方法自身缺陷的影响，岩爆预测的方法体系仍不完善，在实际工程应用中仍存在以下不足：（1）基于岩爆指标判据的综合预测方法的关键问题是各指标权重的确定，如何克服指标权重计算中人为主观性、灵活性不足、实用性不强等缺点，对最终预测结果至关重要，权重确定的合理性是岩爆预测结果具备可信度的关键；（2）基于岩爆实例样本数据的综合预测方法具有普遍意义，但不足之处在于针对性不强，遇到具体问题还需适当调整相应的参数，模型复杂与否影响调整参数的难易程度，更直接影响模型的实用性。

岩爆预测是一个复杂的非线性问题，是多种因素共同作用的结果，这些影响因素有些是确定的、定量的，有些则是随机的、定性的、模糊的，在指标权重确定和实际工程应用等方面，岩爆预测模型的有效性还有待提高。随着人工智能、机器学习技术的发展和应用，为岩爆预测提供了更多有效解决问题的途径。采用机器学习技术预测岩爆烈度等级，不仅可以扩充岩爆理论预测体系，而且可以提高岩爆预测的准确性和实用性，为地下岩土工程的安全防护和合理施工提供科学依据。

1.2.3　岩爆防治研究现状

岩爆预测的目的是为岩爆防治提供科学依据。将主要岩爆防治方法归纳如下。

1.2.3.1　能量释放

高地应力是岩爆发生的必要条件之一，若能释放或转移地应力，可降低岩爆发生的概率。例如，采用应力解除爆破技术，钻超前炮孔和调整装药量，将应变能提前释放[126]。通过降低待解除部位的局部围岩刚度，使得受爆炸影响岩体的传力性减弱，变形量增大，从而降低地应力量级或地应力的集中程度，局部围岩内的能量重新分布，能量释放率减小，能量瞬态释放效应减弱，应力集中区向深部转移，从原理上进行了岩爆防治[127]。20 世纪 50 年代，南非 Witwatersrand 金矿首先采用该技术进行岩爆防治[128]。吴爱祥[129]提出了与应力解除爆破技术相似的卸压崩落法，即在凿岩硐室中钻卸压孔，爆破后形成卸压带，回采矿房时，回采巷道也随之消失，采场应力无法集中，避免了岩爆的发生。

1.2.3.2 围岩改善

COOK N G W[130]认为控制围岩的能量释放过程是岩爆防控的核心。有岩爆倾向的岩体工程施工时，最常用的围岩改善办法是利用炮眼和锚杆孔向岩体深处注水，或者向围岩喷洒高压水[131]。注水可减小岩体裂纹的传播速度，降低裂纹周围岩体的势能转化为地震能的效率，而喷水可降低开挖岩体的浅层脆性，提高抵抗地应力变形的能力，从而减少岩爆发生[132,133]。

1.2.3.3 支护优化

对岩爆防治的支护系统的要求为：支护材料应具备一定的让压屈服性质，可以更多地吸收破碎岩体在岩爆作用下产生的动能[134,135]。KAISER P K[134]提出在岩爆高发区域确定支护形式时要反复校正，并根据现场情况验证设计，必要时修改设计。支护设施应具备及时性，能及时迅速发挥作用，还应具备系统性，锚杆、锚网、喷层等要联合形成整体承载支护体系[136]。何满潮[137]研发的 NPR 材料具有负泊松比效应，拉伸后变粗，可吸收能量，NPR 新型锚杆/索应用于岩爆防治较为有效。唐杰灵[138]提出并研发出一套应用于隧道岩爆防护的柔性防护网系统，可以有效拦截轻微或中级岩爆产生的弹射岩块。

目前，在岩爆防治方面已经做了大量的工作，取得了相应的研究和应用成果，但仍然需要深入研究。岩爆机理亟须建立起统一的理论，从根本上揭示岩爆孕育和发生规律，从而科学指导建立岩爆防治方法或措施，规避或降低岩爆危害。

1.3 研究内容与方法、创新点、技术路线

1.3.1 研究内容与方法

岩爆烈度等级预测是岩爆防控的重要科学依据，准确实用的预测模型可有效地指导岩爆防控。岩爆预测研究面临的关键问题是如何合理提高岩爆预测模型的准确性和实用性，科学指导岩爆防控。围绕这一科学问题，本书开展了以下 5 方面的研究工作。

1.3.1.1 岩爆烈度等级预测数据库的建立

目前，多数研究都是基于数十组岩爆工程实例数据进行岩爆预测，少数研究增加了岩爆工程实例数据量，但仍有继续完善空间。然而，岩爆工程实例数据的数量和质量对岩爆预测模型的准确性和可靠性影响较大。随着各类地下岩土工程向深部发展，岩爆灾害频发，大量的岩爆数据不断产生，为了建立更为准确、实

用的岩爆烈度等级预测模型，建立一个尽量包含全部已发生岩爆工程实例的完整数据库十分必要。

首先分析岩爆工程实例，考虑岩爆的影响因素、特点以及内外因条件，选取岩爆评价指标；然后分析国内外岩爆烈度等级方案，考虑岩爆发生的强弱程度和主要影响因素，确定岩爆烈度等级；最后根据所选取的岩爆评价指标和确定的岩爆烈度等级，建立一个岩爆工程实例数据库，为岩爆烈度等级预测提供样本数据。

1.3.1.2　随机森林优化层次分析法—云模型（RF-AHP-CM）的岩爆预测模型研究

利用云模型能够有效地解决岩爆预测的不确定性、随机性、模糊性问题。基于云模型的岩爆预测核心是合理确定岩爆评价指标的权重，然而，现有指标权重计算方法存在人为主观性、灵活性不足、实用性不强等缺点，尤其针对岩爆预测的指标权重确定，至今没有公认的最优方法。指标权重确定的合理性是基于云模型的岩爆烈度等级预测模型具备更高准确性和实用性的关键，因此，指标权重计算方法仍是值得研究的课题。

采用机器学习技术，建立基于随机森林（RF）的岩爆评价指标重要性分析模型；根据岩爆评价指标重要性分析结果，构造层次分析法（AHP）中的分析矩阵，优化层次分析法，构建 RF-AHP 指标权重计算方法；结合云模型（CM）理论，构建 RF-AHP-CM 岩爆预测模型；通过模型有效性验证，评估 RF-AHP-CM 岩爆预测模型的准确性和实用性，进一步验证 RF-AHP 指标权重计算方法的合理性。RF-AHP-CM 岩爆预测模型是在基于 Python3.7 的 Anaconda+PyCharm 平台上开发计算程序实现。

1.3.1.3　改进萤火虫算法优化支持向量机（IGSO-SVM）的岩爆预测模型研究

RF-AHP 指标权重计算方法有效降低了指标权重确定中人为主观性的影响，但是人为主观性并不能完全消除，灵活性和实用性也改进潜力较小，因此，考虑避开指标权重确定直接进行岩爆预测。支持向量机可有效地解决有限样本条件下的非线性的岩爆预测问题，且可避开指标权重确定，直接学习岩爆工程实例数据进行岩爆预测。为了建立更为准确、实用的岩爆烈度等级预测模型，研究如何使支持向量机更好地用于岩爆预测是非常有必要的。

采用机器学习技术中的支持向量机（SVM），建立岩爆评价指标与岩爆烈度等级之间的映射关系，实现岩爆烈度等级预测；针对岩爆预测数据的有限性、非线性等特征，采用基于佳点集变步长策略的萤火虫算法（IGSO）优化支持向量机的惩罚参数 C 和径向基函数参数 g，构建 IGSO-SVM 岩爆预测模型；通过模型有效性验证，评估 IGSO-SVM 岩爆预测模型的准确性和实用性。IGSO-SVM 岩爆预测模型是在基于 Python3.7 的 Anaconda+PyCharm 平台上开发计算程序实现。

1.3.1.4　Dropout 和改进 Adam 算法优化深度神经网络（DA-DNN）的岩爆预测模型研究

IGSO-SVM 岩爆预测模型可避开指标权重确定，有效地解决有限样本条件下的非线性的岩爆预测问题。而完全由数据驱动的深度神经网络作为一种拟合复杂非线性关系的深度学习模型，可以有效地解决更大数据规模的岩爆预测问题。随着各类地下岩土工程向深部发展，岩爆灾害频发，岩爆数据快速增长，为适应更大规模的岩爆数据处理需求，建立一种可处理更多数据，准确性和实用性更好的岩爆烈度等级预测模型显得至关重要。

采用深度神经网络（DNN），针对岩爆预测数据的离散性、有限性等特征，采用 Dropout 对模型进行正则化以防止发生过拟合。同时，为了提高预测模型的时效性和效稳性，采用改进 Adam 算法优化参数，构建 DA-DNN 岩爆预测模型；通过模型有效性验证，评估 DA-DNN 岩爆预测模型的准确性和实用性。DA-DNN 岩爆预测模型是在基于 Python3.7 的 Anaconda+PyCharm 平台上开发计算程序实现。

1.3.1.5 不同岩爆预测模型对比分析及工程应用

采用 RF-AHP-CM、IGSO-SVM 和 DA-DNN 3 个岩爆预测模型，对 60 组岩爆预测样本进行岩爆烈度等级预测，对比分析所构建的 3 个岩爆预测模型的预测准确率、时效性和适用范围，综合评估模型性能。最后，采用所构建的 3 个岩爆预测模型对内蒙古赤峰某金矿深部开采进行岩爆预测，根据现场实际情况进一步验证模型的准确性和实用性，并结合岩爆预测结果和矿山生产实际，提出相应的岩爆防治措施。

1.3.2 创新点

（1）考虑岩爆预测的时效性，采用层次分析法（AHP）计算岩爆评价指标权重，并采用能够有效处理数据特征模糊的随机森林（RF）算法，建立了基于随机森林的岩爆评价指标重要性分析模型，根据指标重要性量化分析结果，构造层次分析法中的分析矩阵，构建了 RF-AHP 指标权重计算方法。然后结合云模型（CM），提出了 RF-AHP-CM 岩爆预测模型。该预测模型可判断主要发生的岩爆烈度等级，并可同时判断可能发生的岩爆烈度等级，有效地解决了具有不确定性、随机性和模糊性的岩爆预测问题。

（2）针对岩爆预测数据的有限性、非线性等特征，采用基于佳点集变步长策略的萤火虫算法（IGSO），优化支持向量机（SVM）的惩罚参数 C 和径向基函数参数 g，提出了 IGSO-SVM 岩爆预测模型。该预测模型避免了指标权重确定问题，直接学习岩爆工程实例数据，有效地解决了有限样本条件下非线性的岩爆预测问题。

（3）采用深度神经网络（DNN），针对岩爆预测数据的离散性、有限性等特征，采用 Dropout 对模型进行正则化以防止发生过拟合。同时，为了提高预测模型的时效性和效稳性，采用改进 Adam 算法优化参数，提出了 DA-DNN 岩爆预测模型。该预测模型有效地解决了更大数据规模的岩爆预测问题。

1.3.3 技术路线

技术路线如图 1-3 所示。

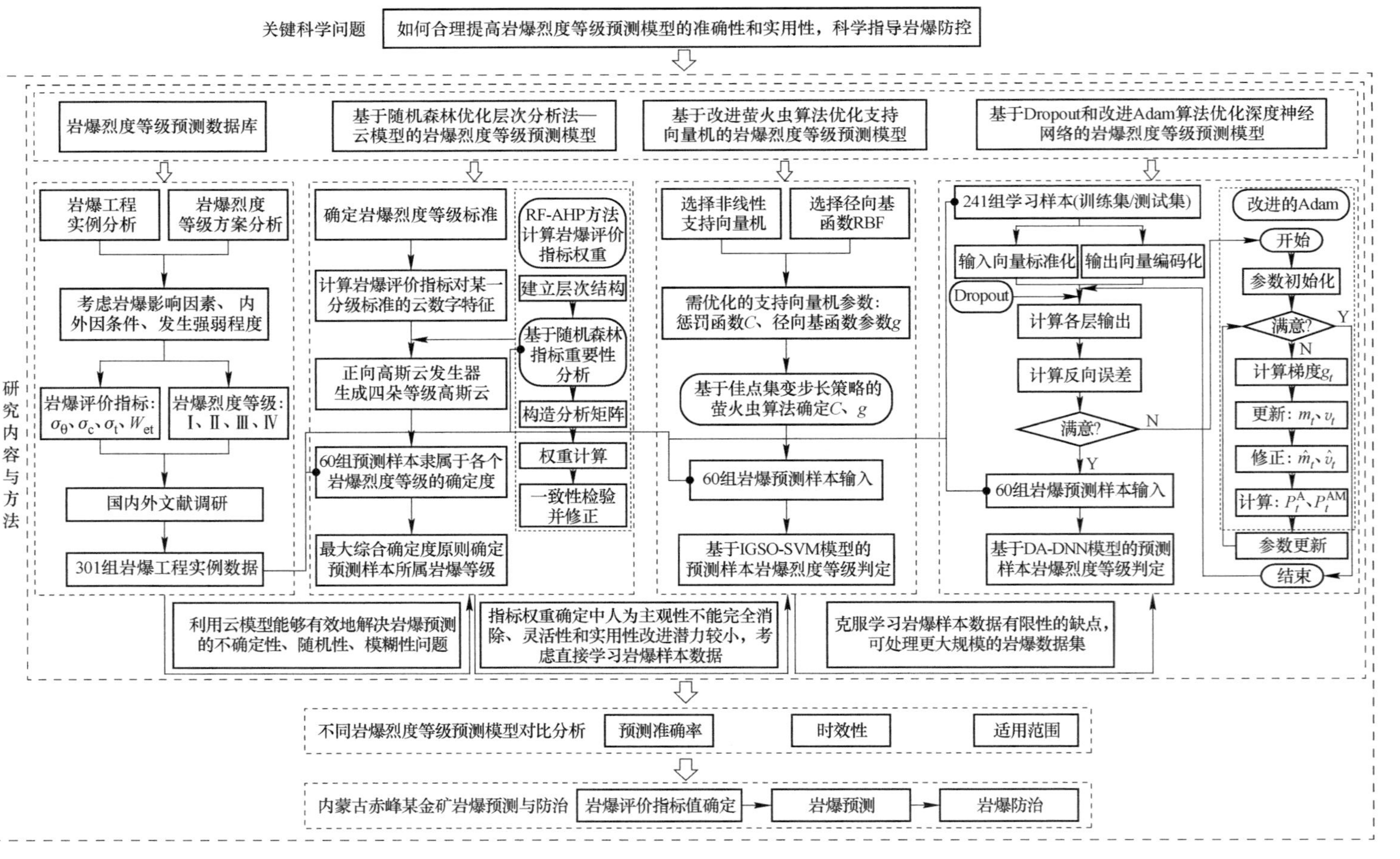

关键科学问题
如何合理提高岩爆烈度等级预测模型的准确性和实用性，科学指导岩爆防控
研究内容与方法
岩爆烈度等级预测数据库
岩爆工程实例分析
岩爆烈度等级方案分析
考虑岩爆影响因素、内外因条件、发生强弱程度
岩爆评价指标：σ_θ、σ_c、σ_t、W_{et}
岩爆烈度等级：Ⅰ、Ⅱ、Ⅲ、Ⅳ
国内外文献调研
301组岩爆工程实例数据
基于随机森林优化层次分析法—云模型的岩爆烈度等级预测模型
确定岩爆烈度等级标准
计算岩爆评价指标对某一分级标准的云数字特征
正向高斯云发生器生成四朵等级高斯云
60组预测样本隶属于各个岩爆烈度等级的确定度
最大综合确定度原则确定预测样本所属岩爆等级
RF-AHP方法计算岩爆评价指标权重
建立层次结构
基于随机森林指标重要性分析
构造分析矩阵
权重计算
一致性检验并修正
基于改进萤火虫算法优化支持向量机的岩爆烈度等级预测模型
选择非线性支持向量机
选择径向基函数RBF
需优化的支持向量机参数：惩罚函数C、径向基函数参数g
基于佳点集变步长策略的萤火虫算法确定C、g
60组岩爆预测样本输入
基于IGSO-SVM模型的预测样本岩爆烈度等级判定
基于Dropout和改进Adam算法优化深度神经网络的岩爆烈度等级预测模型
241组学习样本(训练集/测试集)
输入向量标准化
输出向量编码化
Dropout
计算各层输出
计算反向误差
满意?
N
Y
60组岩爆预测样本输入
基于DA-DNN模型的预测样本岩爆烈度等级判定
改进的Adam
开始
参数初始化
满意?
Y
N
计算梯度g_t
更新：m_t、v_t
修正：$\hat{m}_t$、$\hat{v}_t$
计算：P_t^A、P_t^{AM}
参数更新
结束
利用云模型能够有效地解决岩爆预测的不确定性、随机性、模糊性问题
指标权重确定中人为主观性不能完全消除、灵活性和实用性改进潜力较小，考虑直接学习岩爆样本数据
克服学习岩爆样本数据有限性的缺点，可处理更大规模的岩爆数据集
不同岩爆烈度等级预测模型对比分析
预测准确率
时效性
适用范围
内蒙古赤峰某金矿岩爆预测与防治
岩爆评价指标值确定
岩爆预测
岩爆防治

图1-3 技术路线图

2 岩爆烈度等级预测数据库建立

目前，多数研究[66,70-109,112-123,146-164,168-174]都是基于数十组岩爆工程实例数据进行岩爆预测，少数研究[67,110,111,124,125,165]增加了岩爆工程实例数据量，但仍有继续完善空间，岩爆工程实例数据的数量和质量对岩爆预测模型的准确性和实用性影响较大。随着各类地下岩土工程向深部发展，岩爆灾害频发，大量的岩爆数据不断产生，为了建立更为准确、实用的岩爆烈度等级预测模型，建立一个尽量包含全部已发生岩爆工程实例的完整数据库十分必要。

本章首先分析 4 个岩爆工程实例，考虑岩爆的影响因素、特点以及内外因条件，选取岩爆评价指标；然后分析国内外岩爆烈度等级方案，考虑岩爆发生的强弱程度和主要影响因素，确定岩爆烈度等级；根据所确定的岩爆评价指标和岩爆烈度等级，通过系统的文献调研，建立一个岩爆工程实例数据库，作为岩爆烈度等级预测的样本数据。

2.1 岩爆评价指标选取

岩爆孕育和发生机理复杂，影响因素众多，岩爆评价指标的选取是岩爆烈度等级预测的关键，指标过多会因某些指标值获取困难而使预测过程复杂化，指标太少而又会使预测过程带有片面性，直接导致预测结果不符合实际情况[6]。通过分析锦屏二级水电站、太平驿水电站、秦岭隧道和冬瓜山铜矿 4 个岩爆工程实例，选取岩爆评价指标。

2.1.1 岩爆工程实例分析

2.1.1.1 锦屏二级水电站岩爆工程实例

锦屏二级水电站[6,8,131]位于四川省木里、盐源、冕宁三县交界处，地处我国西南高地应力区，其引水隧洞共 4 条，开挖洞径 12.4~13.0m，平均长度约为 16.67km，一般埋深为 1500~2000m，最大埋深达到 2525m。隧洞穿越的岩体主要为大理岩、灰岩、砂岩和板岩。隧洞大部分洞段以Ⅱ类和Ⅲ类围岩为主，且岩体较完整，岩石单轴抗压强度为 55~114MPa，实测第一主应力最大值 46MPa。自隧洞施工以来，发生了多次岩爆现象，岩爆主要发生在洞身拱部，岩块大多呈片状、层状剥落，破裂面粗糙，表现为张性破坏。

2.1.1.2 太平驿水电站岩爆工程实例

太平驿水电站[8,139]位于四川省汶川县境内，引水隧洞沿岷江左岸布置，全长10.5km，成型洞径9m，隧洞埋深200~600m。实测资料表明该地区属高地应力区，最大主应力31.3MPa。隧洞围岩主要为花岗岩和花岗闪长岩，岩体完整新鲜，岩质坚硬，花岗岩的单轴抗压强度约为168.0MPa，弹性能量指数为3.7。隧洞施工过程中，发生多次岩爆，绝大多数发生在硐室近河侧拱腰和拱顶部位，且仅在干燥的花岗岩岩带内发生，发生在洞壁的劈裂破坏，岩石呈小块状弹射出，声响清脆，而发生在围岩深处的剪切破坏，声响沉闷，会造成大块岩石塌落，岩爆烈度与埋深无对应关系。

2.1.1.3 秦岭隧道岩爆工程实例

秦岭隧道[6,8,53]为西安—安康铁路线上的重大控制工程，位于陕西省长安县与柞水县交界处，长18km，近南北向穿越近东西向展布的秦岭山脉，最大埋深达1600m。隧道穿越的岩体主要为混合片麻岩和混合花岗岩，其中混合片麻岩的单轴抗压强度为95~130MPa，最大主应力达20~40MPa。在隧道施工过程中，在所有43段岩爆中，除了10m的一段发生在混合花岗岩中，其余均发生在混合片麻岩中，其构造较发育，节理不发育至较发育，岩体多呈块状整体结构或大块状砌体结构，几乎所有岩爆段的岩体都呈干燥无水状态。岩爆主要发生在洞身拱部，电镜扫描岩爆破裂面主要是张拉破坏，局部为剪切破坏。

2.1.1.4 冬瓜山铜矿岩爆工程实例

铜陵有色金属（集团）公司冬瓜山铜矿[6,8,90]是我国首家有岩爆倾向的典型深埋硬岩金属矿山。其主矿体赋存于深部-680~-1000m，大部分位于标高-730m以下，矿体走向长1820m，水平投影宽度204~882m，最大厚度106m，总储量1.08845×10^8t。最大主应力30~38MPa，属高应力区。矿床矿体构造简单，节理裂隙不发育。矿体主要为含铜矽卡岩、含铜铁矿、含铜磁黄铁矿、含铜蛇纹石、磁黄铁矿等。矿体直接顶板以大理岩为主，其次为矽卡岩，再次为闪长玢岩；底盘围岩以砂岩和粉砂岩为主，其次为闪长岩和矽卡岩，其中黄龙组大理岩、栖霞组大理岩单轴抗压强度小于80MPa，其余岩体单轴抗压强度均大于128MPa。开采过程中曾多次发生岩爆，岩爆主要发生在闪长玢岩和矽卡岩中，断面显示破坏以张拉破坏和剪切破坏为主，破裂面有明显的台阶。

2.1.2 岩爆评价指标确定

分析岩爆工程实例的目的是将模糊的、不可量化的影响因素转化为可以量化计算的物理力学指标，同时，所选的岩爆评价指标应具有典型性，实际中容易测取，且在以往岩爆实例中有明确记载[6]。

（1）从实例中的地应力水平和岩爆发生的部位可以看出，岩爆通常发生在应力集中程度较高的岩体中，因此，选取洞壁围岩最大切向应力作为岩爆评价指标之一。从地形地貌来看，岩爆通常发生在山体或者深埋的地下工程中，或者是构造应力较高的岩体中；从地质构造来看，岩爆易发生在硬性结构面附近；从结构布局来看，开挖断面越不规则，岩爆发生的可能性越大，而以上因素都可以由洞壁围岩最大切向应力来反映。

（2）实例中岩爆断面形式主要是张拉破坏，伴有剪切破坏，所以选取岩石的抗拉强度和抗剪强度。通过阅读现有文献，发现实际岩爆实例中，对抗剪强度记载较少，难以对其进行分析，因此只选取岩石单轴抗拉强度作为岩爆评价指标，认为岩石抗拉强度代表了岩石的抗拉强度和抗剪强度两种力学性质。

（3）从实例中可以看出岩爆主要发生在结构完整的硬岩中，而衡量岩石的坚硬程度常用的指标是岩石的抗压强度，且几乎在任何岩体工程中都要测取岩石的抗压强度，因此选取岩石单轴抗压强度作为岩爆评价指标。

（4）目前对岩爆产生条件给出的最清晰的概括是：高能储体的存在，且其应力接近岩体强度是岩爆产生的内因；某些附加荷载的触发是其产生的外因[131]。围岩内高能储体的形成必须具备两个条件：一是岩体能够储聚较大的弹性应变能；二是该岩体内应力高度集中。而岩爆倾向性指数 W_{et}（又称岩石弹性能量指数）反映了岩体储聚与释放能量的性能[140,141]，在相同的应力条件下，W_{et}越大，岩体储聚与释放能量的性能越好。因此，选取岩石弹性能量指数作为岩爆评价指标。

通过上述分析，认为可以将众多影响因素在岩爆中所起的作用通过洞壁围岩最大切向应力 σ_θ、岩石单轴抗压强度 σ_c、岩石单轴抗拉强度 σ_t 和岩石弹性能量指数 W_{et} 4 项物理力学指标来反映，即选取 σ_θ、σ_c、σ_t 和 W_{et} 作为岩爆评价指标。

2.2 岩爆烈度等级确定

岩爆烈度是指岩爆的破坏程度。岩爆破坏主要是指地下岩体工程发生岩爆时，岩体自身发生的直接破坏，以及诱发一定影响范围内建筑物等的间接破坏[131]。

地震震级和地震烈度已经有世界公认的标准，但是岩爆烈度等级至今尚无统一的标准。迄今为止，RUSSENES B F[38]、佩图霍夫[142]、TURCHANINOV I A[40]、布霍依诺[143]、谭以安[144]、李天斌[131]、冯夏庭[1]等人均对岩爆烈度等级划分做过研究工作，如表 2-1 所示。

表 2-1 国内外岩爆烈度等级方案

研究者	岩爆烈度等级			
佩图霍夫（1980）	弱冲击 $<10^2$ J；中等冲击 $10^2\sim10^4$ J；强烈冲击 $>10^4$ J			
屠尔吕宁诺夫（1981）	微冲击 <10 J；弱冲击 $10\sim10^2$ J；中等冲击 $10^2\sim10^4$ J；严重冲击 $>10^7$ J			
布霍依诺（1985）	轻微损害：矿山工程损害轻微，修复工作并未造成生产中断	中等损害：矿山工程损害严重，支架部分损坏，巷道断面明显缩小，工作面一般要中断生产	严重损害：矿山工程被摧毁，应重新开掘，通常相邻采掘工程也受到影响	
KIDYBINSKI A（1981）	$W_{et}<2$ 无岩爆	$W_{et}=2.0\sim5.0$ 低～中烈度岩爆	$W_{et}\geqslant5.0$ 严重岩爆	
RUSSENES B F（1974）	0 级：无岩爆 1 级：轻微岩爆活动，岩石有松脱和破裂，有微弱声响	2 级：有明显的岩石片落和松脱现象，且随时间变化逐渐严重。有来自岩石的强烈爆炸声响	3 级：爆破工程完成后，两帮和顶板岩体立即发生严重崩落，底板有片落声响，甚至发生隆起，围岩严重变形，有来自岩石的类似炮弹强度的声响	
谭以安（1992）	弱岩爆（Ⅰ） 劈裂成板，脱离母体，产生射落，不损坏机械设备	中等岩爆（Ⅱ） 劈裂—剪断—弹射，子弹射岩声响，对生产威胁不大，有时损坏设备	强烈岩爆（Ⅲ） 劈裂—剪断—弹射，急速发生，似炮声巨响，几乎全断面破坏，生产中断	极强岩爆（Ⅳ） 持续时间长，似闷雷声，坑道摧毁报废
李天斌（2016）	轻微岩爆（Ⅰ） 噼啪声、撕裂声，剥离、外鼓，零星间断爆裂，对工程影响小	中等岩爆（Ⅱ） 噼啪声、清脆的爆裂声，剥离严重，弯折破裂，少量弹射，持续时间长，对工程影响较大	强烈岩爆（Ⅲ） 强烈的爆裂及闷雷响声，大量爆裂，出现强烈弹射，迅速向深部扩展，对工程影响大	剧烈岩爆（Ⅳ） 剧烈的闷响爆裂声，大片连续爆裂，大块弹射，突发并迅速向深部扩展，对工程影响很大
冯夏庭（2019）	轻微岩爆 危害低。易造成小型机械设备损坏，影响正常使用。对工序影响较小，清脆的噼啪、撕裂声，偶有爆裂声响	中等岩爆 危害中等。易造成小型设备被砸坏，或大型设备局部被砸，对工序影响稍大，清脆得似子弹射击声或雷管爆破的爆裂声，围岩内部偶有闷响	强烈岩爆 危害高。易造成施工台架砸坏、大型设备设施的暴露部位损害，对工序影响大，似炸药爆破的爆裂声，声响强烈	极强岩爆 大型设备被埋或被摧毁。对工序影响极大，低沉得似炮弹爆炸声或闷雷声，声响剧烈，围岩大面积爆裂垮落

RUSSENES B F[38]按照岩爆发生的声响特征和岩体破坏特征，将岩爆烈度划分为4级：0级、1级、2级、3级，这个等级方案在国外很有影响；谭以安[144]按照岩爆发生时的力学特征、破坏形式和程度，将岩爆烈度划分为弱岩爆、中等岩爆、强烈岩爆和极强岩爆4级；李天斌[131]在二郎山隧道和锦屏二级水电站辅助洞岩爆研究的基础上，提出了岩爆烈度等级方案（RMS）；与李天斌一样，冯夏庭[1]也将岩爆分为了轻微岩爆、中等岩爆、强烈岩爆和极强岩爆4级。

为了相互印证和应用，表2-1将国内外岩爆烈度等级已有方案进行了对比。在参照相关研究[55,66,85,88,89,145]的基础上，考虑岩爆发生的强弱程度和主要影响因素，将岩爆烈度分为4级，即Ⅰ级（无岩爆）、Ⅱ级（轻微岩爆）、Ⅲ级（中级岩爆）、Ⅳ级（强烈岩爆），其实际岩爆烈度等级定性特征描述如表2-2所示。

表2-2 岩爆烈度等级特征

岩爆烈度等级	定性特征描述
Ⅰ级（无岩爆）	围岩未发生撕裂、剥离、崩落，巷道保持较完整，无需采取防护和监测手段
Ⅱ级（轻微岩爆）	围岩开始发生松脱、剥离掉块，同时偶有轻微的爆裂声响，需要采取适当防护手段
Ⅲ级（中级岩爆）	围岩发生块状剥落，同时常有尖锐的弹射声响，偶尔还发生岩块抛射，有严重的片帮、底鼓现象，容易造成人员人身伤害和设备损坏，需要采取现场实时监测手段
Ⅳ级（强烈岩爆）	围岩发生大块状剥落，有连续的尖锐弹射声响，同时伴随岩块抛射，围岩急剧变形，出现大量爆坑，严重威胁人员和设备的安全，必须及时采取高等级的防护手段

2.3 岩爆烈度等级预测数据库

国内外已经有众多地下岩土工程发生岩爆灾害，部分岩爆的工程实例都有详细记录。依据所确定的岩爆评价指标和岩爆烈度等级，在国内外岩爆研究成果的基础上[46,66,77,112,115,125,146-183]，建立了一个包含有301组岩爆工程实例的岩爆烈度等级预测数据库，并以此作为岩爆预测的样本数据。

岩爆烈度等级预测数据库中所有样本数据均进行了核实修正，都具有完整的独立四因素（σ_θ、σ_c、σ_t和W_{et}），完整的数据库见附录。

岩爆烈度等级预测数据库中各等级岩爆实例分布如图2-1所示，其中Ⅰ级（无岩爆）样本49组，占16%；Ⅱ级（轻微岩爆）样本79组，占26%；Ⅲ级

（中级岩爆）样本 119 组，占 40%；Ⅳ级（强烈岩爆）样本 54 组，占 18%。中级岩爆样本数相对较多，其他 3 个等级样本数基本接近。

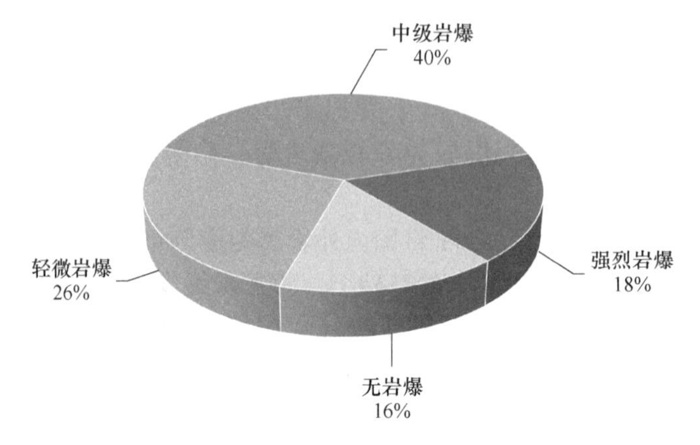

图 2-1 各等级岩爆分布

采用 Python 语言编写了箱形图分析程序，对 301 组岩爆工程实例数据作箱形图分析，如图 2-2 所示，加号表示异常值，箱中水平线表示中位数，三角形表示均值，箱的边界处上下水平线分别表示上四分位数（第三四分位数）、下四分位数（第一四分位数）。

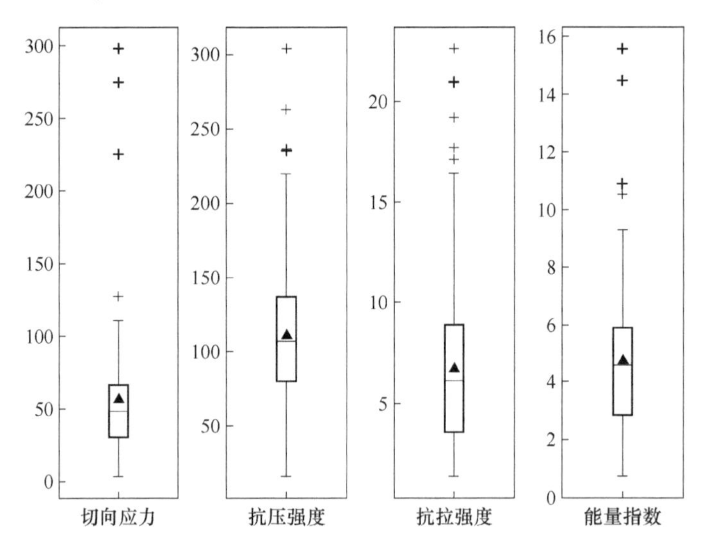

图 2-2 岩爆工程实例数据箱形图

从图 2-2 可以看出，4 个岩爆评价指标 σ_θ、σ_c、σ_t 和 W_{et} 均有异常值，其中 σ_θ 的离散程度最大。岩爆烈度等级预测数据库中 4 个岩爆评价指标的统计参数如表 2-3 所示。

表 2-3 岩爆评价指标的统计参数

岩爆评价指标	最大值/MPa	最小值/MPa	均值/MPa	异常值/个
σ_θ	110.4	2.6	56.5	13
σ_c	220.0	15.5	117.7	5
σ_t	16.4	1.3	8.8	12
W_{et}	9.3	0.7	5.0	15

2.4 本章小结

本章依据确定的岩爆评价指标和岩爆烈度等级，建立了一个包括 301 组岩爆工程实例的岩爆烈度等级预测数据库，以此作为岩爆预测的样本数据。

(1) 通过分析锦屏二级水电站、太平驿水电站、秦岭隧道和冬瓜山铜矿 4 个岩爆工程实例，考虑岩爆的影响因素、特点以及内外因条件，选取了洞壁围岩最大切向应力 $\boldsymbol{\sigma}_\theta$、岩石单轴抗压强度 $\boldsymbol{\sigma}_c$、岩石单轴抗拉强度 $\boldsymbol{\sigma}_t$ 和岩石弹性能量指数 W_{et} 4 项物理力学指标作为岩爆评价指标。

(2) 通过对比分析国内外现有的岩爆烈度等级方案，考虑岩爆发生的强弱程度和主要影响因素，将岩爆烈度分为 4 级，即Ⅰ级（无岩爆）、Ⅱ级（轻微岩爆）、Ⅲ级（中级岩爆）、Ⅳ级（强烈岩爆）。

(3) 通过文献调研国内外岩爆研究成果，依据确定的岩爆评价指标和岩爆烈度等级，搜集了 301 组岩爆工程实例数据，建立了一个包括 49 组无岩爆样本、79 组轻微岩爆样本、119 组中级岩爆样本、54 组强烈岩爆样本的岩爆烈度等级预测数据库，所有数据样本都具有完整的独立四因素，4 个岩爆评价指标都有异常值。

(4) 本章建立的岩爆烈度等级预测数据库虽是目前包含岩爆工程实例最多的，但是受到施工环境特殊、数据采集记录困难等因素的影响，仍然十分有限，随着各类地下岩土工程向深部发展，岩爆灾害频发，岩爆数据量越来越多，有新的案例数据后，岩爆工程实例数据库还需要及时补充更新。

3　基于随机森林优化层次分析法—云模型的岩爆预测模型研究

传统的岩爆预测一般采用基于岩爆机理的判据方法，这类方法很难全面考虑各种因素的综合影响，预测的准确性和实用性还有待提高，而岩爆的孕育和发生是多种因素共同作用的结果，影响因素与岩爆呈现高度的非线性关系。所有岩爆评价指标难以同时满足某一岩爆等级，岩爆工程实例数据又具有一定的随机性，且岩爆烈度等级标准划分存在模糊性，这使得岩爆预测过程充满不确定性。

云模型作为一种处理不确定性问题的认知模型，用期望量化定性概念，用熵反映概念的随机性和模糊性，用超熵度量熵的不确定性，且允许存在不确定、不精确和部分真值容错现象，利用云模型可以有效地解决具有不确定性、随机性、模糊性的岩爆预测问题。2015 年，王迎超[85]将不确定人工智能方法—云模型引入岩爆烈度等级预测研究中，建立了基于德尔菲法和正态云的综合评判模型，之后，郝杰[86]、ZHOU K P[87]、张彪[88]、过江[89]、李绍红[90]等采用各种指标权重计算方法，基于云模型相继开展了岩爆预测研究工作。基于云模型的岩爆预测作为一种基于岩爆指标判据的综合预测方法，其核心问题是指标权重的确定，指标权重确定的合理性是基于云模型的岩爆烈度等级预测模型具备更高准确性和实用性的关键。目前，国内外学者提出了各种权重计算方法，诸如熵权法[77]、层次分析法[82]、德尔菲法[85]、CRITIC 法[89]、组合权重法[80]等。主观权重法存在人为主观性；客观权重法缺少主观能动性，且灵活性不足；组合权重法针对具体问题，实用性还有待提高。针对岩爆预测的指标权重确定至今没有公认的最优方法，因此，对于岩爆评价指标的权重计算，仍有必要探索如何优化现有方法或者提出新方法。

考虑岩爆预测的时效性，选择层次分析法确定岩爆评价指标权重，该方法具有计算效率高、可操作性强、实用性好的优点，但因较依赖决策者的主观经验，应用于岩爆预测问题时，必须进行一定的优化。本章将随机森林算法用于岩爆评价指标重要性分析，根据指标重要性分析结果优化层次分析法。

本章采用机器学习技术，建立基于随机森林的岩爆评价指标重要性分析模型，对岩爆评价指标的重要性进行客观的量化分析，并据此构造层次分析法中的分析矩阵，优化层次分析法，构建随机森林—层次分析法（RF-AHP）的指标权重计算方法；结合云模型，构建基于随机森林优化层次分析法—云模型（RF-AHP-CM）的岩爆烈度等级预测模型；通过模型有效性验证，评估 RF-AHP-CM

岩爆预测模型的准确性和实用性，进一步验证 RF-AHP 指标权重计算方法的合理性。

3.1 随机森林优化层次分析法—云模型的理论依据

3.1.1 云的定义及数字特征

1995 年，基于概率论和模糊数学，李德毅[84]提出了一种处理不确定性问题的认知模型—云模型（Cloud model，CM）。如图 3-1 所示，云模型利用期望（Expected value，*Ex*）、熵（Entropy，*En*）、超熵（Hyper entropy，*He*）3 个数字特征描述一个定性概念，并采用特定算法，建立了定性概念与定量描述之间的转换模型。

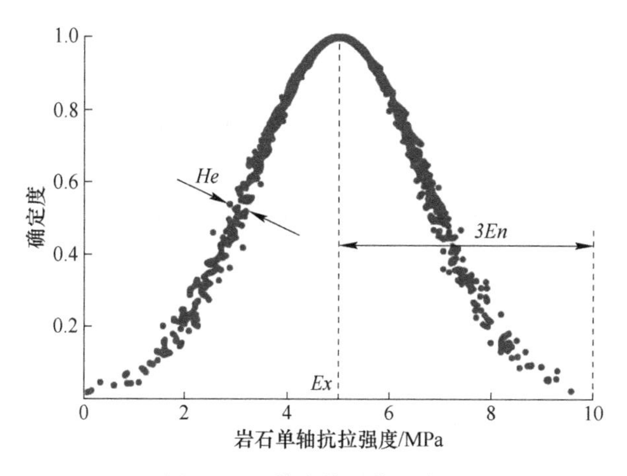

图 3-1 云数字特征值示意图

设 U 是一个用精确数值表示的定量论域，C 是 U 上的定性概念，若定量值 $x \in U$，且 x 是定性概念 C 的一次随机实现，x 对 C 的确定度 $\mu(x) \in [0, 1]$ 是有稳定倾向的随机数 μ：$U \rightarrow [0, 1]$，$\forall x \in U$，$x \rightarrow \mu(x)$，则 x 在论域 U 上的分布称为云（Cloud），每一个 x 称为一个云滴。

期望 *Ex*：定性概念的基本确定性的度量，是云滴在论域空间分布中的数学期望，最能够代表定性概念的点，或是这个概念量化的最典型样本，代表了该定性概念云滴群的云重心[84]。

熵 *En*：对定性概念的模糊度和概率综合度量，反映了该定性概念的不确定性，包括度量定性概念的亦此亦彼性，代表定性概念云滴出现的随机性，揭示定性概念模糊性和随机性的关联性[84]。

超熵 *He*：熵的熵，是熵的不确定性度量，也可称为二阶熵，是定性概念云滴的凝聚度，间接表示了云的离散度和厚度[84]。

3.1.2 正向高斯云算法

设 U 是一个用精确数值表示的定量论域，$C(Ex、En、He)$ 是 U 上的定性概念，若定量值 $x(x \in U)$ 是定性概念 C 的一次随机实现，服从以 Ex 为期望、En'^2 为方差的高斯分布 $x \sim N(Ex, En'^2)$；其中，En' 又是服从以 En 为期望、He^2 为方差的高斯分布 $En' \sim N(En, He^2)$ 的一次随机实现；进而，x 对 C 的确定度：

$$\mu = \exp\left[-\frac{(x - Ex)^2}{2(En')^2}\right] \tag{3-1}$$

则 x 在论域 U 上的分布称为高斯云[84]。

正向高斯云算法[84]如下。

输入：Ex，En，He，云滴个数 N。

输出：N 个云滴 x，确定度 μ。

算法步骤：

步骤①：生成以 En 为期望值、He^2 为方差的高斯随机数 $En'_i = NORM(En, He^2)$；

步骤②：生成以 Ex 为期望值、En'^2_i 为方差的高斯随机数 $x_i = NORM(Ex, En'^2_i)$；

步骤③：计算确定度；

$$\mu = \exp\left[-\frac{(x_i - Ex)^2}{2En'^2_i}\right] \tag{3-2}$$

步骤④：具有确定度 μ_i 的 x_i 成为数域中的一个云滴；

步骤⑤：重复以上计算，直至产生 N 个云滴。

3.1.3 高斯云的数学性质

正向高斯云算法产生的所有云滴构成随机变量，有其特定的分布规律，单个云滴生成后随即进行的计算得到一个云滴确定度，所有云滴确定度又构成一个随机变量，从统计观点来看，它们都有确定的分布函数[84]。

3.1.3.1 云滴分布的统计分析

根据正向高斯云算法可知，所有云滴最终构成一个随机变量 X，所有 En'_i 构成一个中间随机变量 S，X 和 S 为条件概率关系，S 服从均值为 En、标准差为 He 的高斯分布，即 S 的概率密度函数为：

$$f(s) = \frac{1}{\sqrt{2\pi He^2}}\exp\left[-\frac{(s - En)^2}{2He^2}\right] \quad (\forall s \in U) \tag{3-3}$$

当 $s=\sigma$ 时，随机变量 X 服从均值为 Ex，方差为 σ^2 的高斯分布，则 X 的条件概率密度函数为：

$$f(x|s=\sigma)=\frac{1}{\sqrt{2\pi\sigma^2}}\exp\left[-\frac{(x-Ex)^2}{2\sigma^2}\right](\forall x\in U) \tag{3-4}$$

根据条件概率密度函数公式，高斯云分布的概率密度函数为：

$$f(x)=\int_{-\infty}^{+\infty}\frac{1}{\sqrt{2\pi\sigma^2}}\exp\left(-\frac{x-Ex}{2\sigma^2}\right)\frac{1}{\sqrt{2\pi He^2}}\exp\left(-\frac{\sigma-En}{2He^2}\right)\mathrm{d}\sigma \tag{3-5}$$

高斯云分布的期望：

$$E(X)=Ex \tag{3-6}$$

当 $0<He<\frac{En}{3}$ 时，高斯云分布的一阶绝对中心矩：

$$E\{|X-Ex|\}=\sqrt{\frac{2}{\pi}}En \tag{3-7}$$

高斯云分布的方差：

$$D(X)=En^2+He^2 \tag{3-8}$$

高斯云分布的三阶中心矩：

$$E\{[X-E(X)]^3\}=0 \tag{3-9}$$

高斯云分布的四阶中心矩：

$$E\{[X-E(X)]^4\}=9He^2+18He^2En^2+3En^4 \tag{3-10}$$

对于一个给定的高斯云 X，可构建一个与 X 的各阶中心矩要尽可能地相等的高斯随机变量 X'，则 X' 的密度函数为：

$$f(x')=\frac{1}{He\sqrt{2\pi(En^2+He^2)}}\cdot\exp\left[-\frac{(x'-Ex)^2}{2(En^2+He^2)}\right] \tag{3-11}$$

因为 X' 的期望为 Ex、方差为 (En^2+He^2)，三阶中心矩为 0，与高斯云分布 X 完全相同，而 X' 的四阶中心矩则为：

$$E\{[X-Ex]^4\}=3(En^2+He^2)^2=3He^4+6He^2En^2+3En^4 \tag{3-12}$$

X 的四阶中心矩比 X' 的四阶中心矩大 $(6He^4+12He^2En^2)$。

3.1.3.2 云滴确定度分布的统计分析

高斯云的云滴确定度分布的概率密度函数：

$$f(y)=\begin{cases}\frac{1}{\sqrt{-\pi\ln y}} & 0<y<1\\ 0 & \end{cases} \tag{3-13}$$

式（3-13）说明高斯云的云滴确定度分布与高斯云的 3 个数字特征无关，由云滴确定度分布和概念的数字特征的无关性可知，虽然个体对定性概念的认识有差异，但是总体认识规律却呈现一致性，这也正是云模型的价值。

3.1.3.3 高斯云的期望曲线

对于给定的 x_i，对应的确定度 μ_i 的期望值为 $E\mu_i$，不同的 x_i 对应的 $E\mu_i$ 拟合形成了高斯云的回归曲线，如式（3-14）所示：

$$f(x)=\int_{-\infty}^{+\infty}\frac{1}{\sqrt{2\pi}He}\cdot\exp\left[-\frac{(y-En)^2}{2He^2}\right]\cdot\exp\left[-\frac{(x-Ex)^2}{2y^2}\right]\mathrm{d}y \quad (3\text{-}14)$$

高斯云的回归曲线和主曲线，都可通过线性逼近的方法求出解析形式，均反映了云图的整体特征，回归曲线考虑垂直方向的期望，而主曲线则是考虑正交方向的期望，以下从水平方向分析高斯云的期望曲线。

由 $\mu=\exp\left[-\frac{(x-Ex)^2}{2En'^2}\right]$ 知道，对任意的 $0<\mu\leqslant 1$：

$$X=Ex\pm\sqrt{-2\ln\mu}En' \quad (3\text{-}15)$$

因为 En' 是一个随机变量，所以 X 是对称地位于 Ex 两边的随机变量，可只对 $X=Ex+\sqrt{-2\ln\mu}En'$ 进行分析，对 $X=Ex-\sqrt{-2\ln\mu}En'$ 的讨论完全类似。由 $En'\sim N(En,He^2)$ 知 X 服从高斯分布，期望为 $E(X)=Ex+\sqrt{-2\ln\mu}En$，标准差为 $B=\sqrt{DX}=\sqrt{-2\ln\mu}He$。

由 $E(X)=Ex+\sqrt{-2\ln\mu}En$，解出 $\mu=\exp\left[-\frac{(E(X)-Ex)^2}{2En^2}\right]$，即曲线：

$$\mu(x)=\exp\left[-\frac{(x-Ex)^2}{2En^2}\right] \quad (3\text{-}16)$$

对于固定的 μ_i 而言，对应的云滴的期望值为 Ex_i，期望曲线上的每一点就是每一个 μ_i 对应的 Ex_i，称此曲线为高斯云的期望曲线。高斯云的期望曲线有明确的解析形式，而高斯云的回归曲线和主曲线的解析形式只能通过线性逼近的方法求出，三条曲线勾画出了云的整体轮廓[84]。

3.1.4 随机森林的基分类器

随机森林（Random forest，RF），由 BREIMAN L 和 CUTLER A 于 2001 年提出[184,185]，是一种以决策树、随机子空间、抽样聚合和剪枝技术为基础的机器学习算法。如图 3-2 所示，随机森林一般选择决策树（Decision tree，DT）作为基本分类器。

决策树模型呈树形结构，包括 3 种结点：根结点、中间结点、叶结点。

3.1.4.1 决策树的生成和决策

一般决策树的生成和决策过程分为 3 个部分：

（1）递归分析随机选取的用于生成决策树的训练集，生成一棵状如倒立的树状结构；

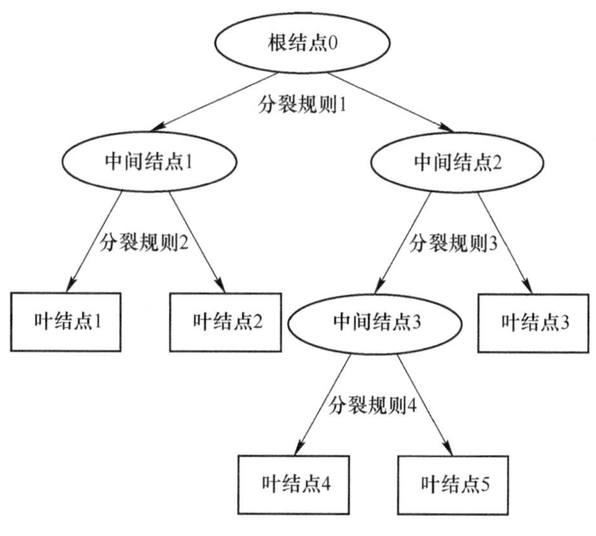

图 3-2 决策树结构图

（2）分析这棵树从根结点到叶结点的路径，生成一系列规则；

（3）根据生成的规则，对测试数据（或新数据）进行分类。

从本质上看，决策树就是通过训练学习样本数据，生成分类规则，然后将这些规则应用于新数据，进行新一轮的数据分析的过程。

3.1.4.2 决策树学习

决策树学习包括 3 个步骤：决策树特征选择、决策树生成、决策树修剪。

A 决策树的特征选择

决策树的特征选择在于选取对训练数据具有分类能力的特征，通常特征选择的准则是信息增益或信息增益比[186]。

在信息论和概率统计中，熵（Entropy）是表示随机变量不确定性的度量。设 X 是一个取有限个值的离散随机变量，其概率分布为：

$$P(X=x_i)=p_i,\ i=1,\ 2,\ \cdots,\ n \tag{3-17}$$

则随机变量 X 的熵定义为：

$$H(X)=-\sum_{i=1}^{n}p_i\lg p_i \tag{3-18}$$

由定义可知，熵只依赖于 X 的分布，而与 X 的取值无关，所以也可将 X 的熵记作 $H(p)$，即：

$$H(p)=-\sum_{i=1}^{n}p_i\lg p_i \tag{3-19}$$

熵越大，随机变量的不确定性就越大，从定义可以验证：$0\leqslant H(p)\leqslant \log n$。

设有随机变量（X，Y），其联合概率分布为：

$$P(X=x_i, Y=y_j)=p_{ij}, i=1, 2, \cdots, n, j=1, 2, \cdots, m \quad (3\text{-}20)$$

条件熵 $H(Y|X)$ 表示在已知随机变量 X 的条件下随机变量 Y 的不确定性。随机变量 X 给定条件下随机变量 Y 的条件熵（Conditional entropy）$H(Y|X)$，定义为 X 给定条件下 Y 的条件概率分布的熵对 X 的数学期望：

$$H(Y|X)=\sum_{i=1}^{n} p_i H(Y|X=x_i) \quad (3\text{-}21)$$

式中，$p_i=P(X=x_i)$，$i=1, 2, \cdots, n$。

当熵和条件熵中的概率由数据估计（特别是极大似然估计）得到时，所对应的熵与条件熵分别称为经验熵（Empirical entropy）和条件经验熵（Empirical conditional entropy），此时，如果有 0 概率，令 $0\log0=0$。

信息增益（Information gain）表示得知特征 X 的信息而使得类 Y 的信息的不准确性减少的程度。

信息增益：特征 A 对训练数据集 D 的信息增益 $g(D, A)$，定义为集合 D 的经验熵 $H(D)$ 与特征 A 给定条件下 D 的经验条件熵 $H(D|A)$ 之差，即：

$$g(D, A)=H(D)-H(D|A) \quad (3\text{-}22)$$

一般地，熵 $H(Y)$ 与条件熵 $H(Y|X)$ 之差称为互信息（Mutual information），决策树学习中的信息增益等价于训练数据集中类与特征的互信息。

决策树学习应用信息增益准则选择特征。给定训练数据集 D 和特征 A，经验熵 $H(D)$ 表示对数据集 D 进行分类的不确定性。而经验条件熵 $H(D|A)$ 表示在特征给定的条件下对数据集 D 进行分类的不确定性。那么它们的差，即信息增益，就表示由于特征 A 而使得对数据集 D 的分类的不确定性减少的程度。显然，对于数据集 D 而言，信息增益依赖于特征，不同的特征往往具有不同的信息增益。信息增益大的特征具有更强的分类能力。根据信息增益准则的特征选择方法是：对训练数据集（或子集）D，计算其每个特征的信息增益，并比较它们的大小，选择信息增益最大的特征[186]。

设训练数据集为 D，$|D|$表示其样本容量，即样本个数。设有 K 个类 C_k，$k=1, 2, \cdots, K$，$|C_k|$为属于类 C_k 的样本个数，$\sum_{k=1}^{k}|C_k|=|D|$。设特征 A 有 n 个不同的取值 $\{a_1, a_2, \cdots, a_n\}$，根据特征 A 的取值将 D 划分为 n 个子集 D_1，D_2，$\cdots$，D_n，$|D_i|$ 为属于类 D_i 的样本个数，$\sum_{i=1}^{n}|D_i|=|D|$。记子集 D_i 中属于类 C_k 的样本的集合为 D_{ik}，即 $D_{ik}=D_i \cap C_k$，$|D_{ik}|$ 为属于类 D_{ik}的样本个数，于是信息增益的算法[186]如下。

算法：信息增益。

输入：训练数据集 D 和特征 A。

输出：特征 A 对训练数据集 D 的信息增益 $g(D, A)$。

步骤①：计算数据集 D 的经验熵 $H(D)$。

$$H(D) = -\sum_{k=1}^{K} \frac{|C_k|}{|D|} \log_2 \frac{|C_k|}{|D|} \tag{3-23}$$

步骤②：计算特征 A 对数据集 D 的经验条件熵 $H(D|A)$。

$$H(D|A) = \sum_{i=1}^{n} \frac{|D_i|}{|D|} H(D_i) = -\sum_{i=1}^{n} \frac{|D_i|}{|D|} \sum_{k=1}^{K} \frac{|D_{ik}|}{|D_i|} \log_2 \frac{|D_{ik}|}{|D_i|} \tag{3-24}$$

步骤③：计算信息增益。

$$g(D, A) = H(D) - H(D|A) \tag{3-25}$$

以信息增益作为划分训练数据集的特征，存在偏向于选择取值较多的特征的问题。使用信息增益比（Information gain ratio）可以对这一问题进行校正，这是特征选择的另一准则[186]。

信息增益比：特征 A 对训练数据集 D 的信息增益比 $g_R(D, A)$ 定义为其信息增益 $g(D, A)$ 与训练数据集 D 关于特征 A 的值的熵 $H_A(D)$ 之比，即：

$$g_R(D, A) = \frac{g(D, A)}{H_A(D)} \tag{3-26}$$

式中，$H_A(D) = -\sum_{i=1}^{n} \frac{|D_i|}{|D|} \log_2 \frac{|D_i|}{|D|}$，$n$ 是特征 A 取值的个数。

B 决策树的生成

常用的决策树生成算法有：CLS、ID3、C4.5、CART 算法。CLS 算法是决策树的起源算法，之后的算法都是在它的基础上进行继承和发展[187]。ID3 算法弥补了 CLS 算法随机选择属性的不足，但 ID3 算法不能处理连续性变量[188]。C4.5 算法计算用时较长，空间复杂度较高[189]。1984 年，BREIMAN L[185] 提出了分类与回归树（Classification and regression tree，CART）模型，是应用较广泛的决策树算法。

C 决策树的修剪

决策树的剪枝一般通过最小化决策树整体的损失函数（Loss function）或代价函数（Cost function）来实现。

3.1.5 随机森林的构建

随机森林的核心思想是：为克服决策树分类规则复杂、易收敛到局部最优解、易发生过拟合等不足，借鉴单个分类器组合成多个分类器的思想，生成多棵分类精度无需多高的决策树，对所有的决策树通过投票进行决策。随机森林算法如图 3-3 所示。

随机森林的构建包括 3 个步骤：为每棵决策树抽样产生训练集、构建每棵决策树、形成森林并执行算法。

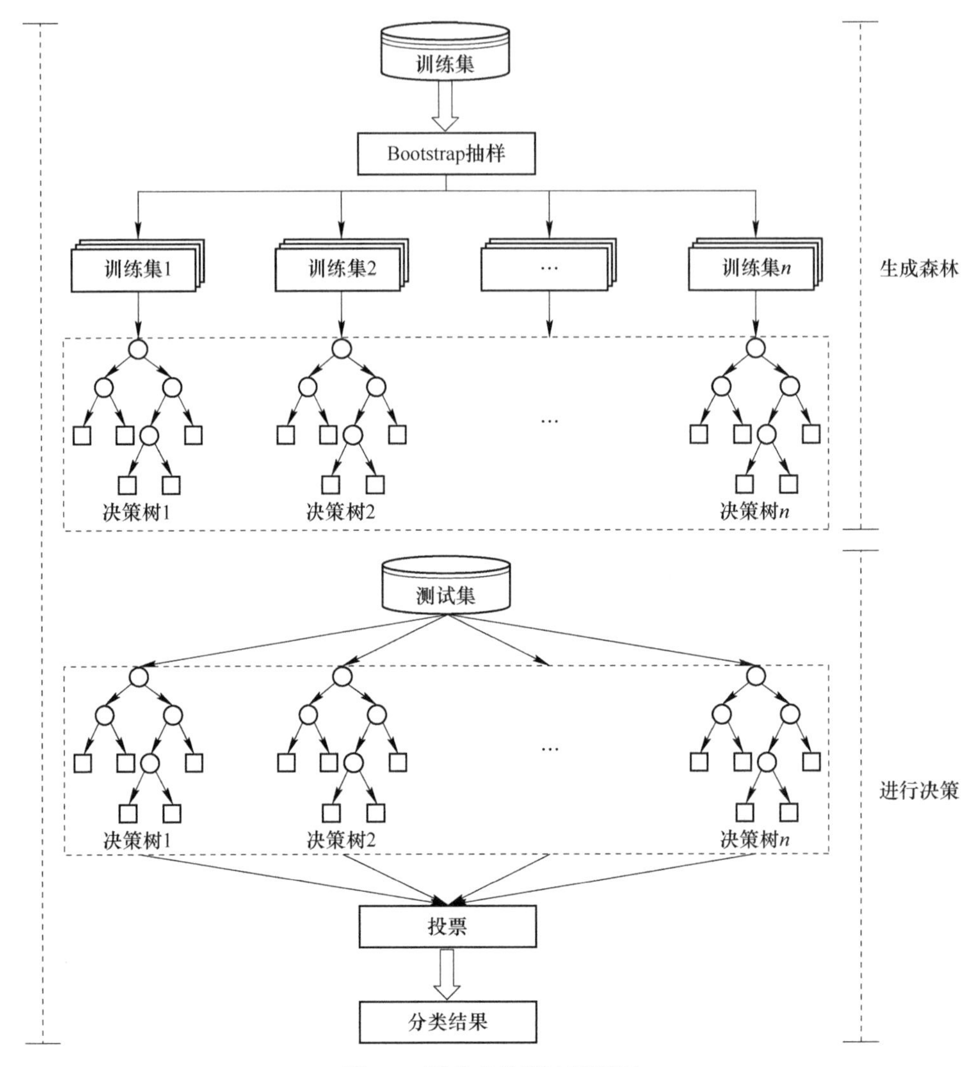

图 3-3 随机森林算法示意图

3.1.5.1 步骤一：为每棵决策树抽样产生训练集

若要构建 N 棵决策树，则需从原始训练集中产生 N 个训练子集。

按照抽样是否放回分为不放回抽样和有放回抽样。

(1) 不放回抽样。设一个总体中包含 N 个个体，不放回地从总体中抽取 $n(n \leqslant N)$ 个个体作为样本，这种抽样方式称为不放回抽样。

(2) 有放回抽样。从总体中抽取个体后，再将其放回，每次抽样时，总体数不变，这种抽样方法称为有放回抽样。

按照抽样是否设置权重，有放回抽样又分为更新权重抽样和无权重抽样。

（1）更新权重抽样。更新权重抽样，又称 Boosting 方法[190,191]，首先随机抽样产生一组训练子集，然后对每一个训练子集设定权重为 $1/n$，n 为训练子集中样本个数，权重设定后，测试每个带权重的训练子集。结束后，提升分类性能差的训练集权重，经过多次训练后，在投票时，每个训练子集对应的权重影响投票结果，以及最终决策结果。

（2）无权重抽样。无权重抽样，又称 Bagging（Bootstrap aggregating，Bagging）方法，该方法是 BREIMAN L[192] 于 1996 年根据 Boosting 方法提出。以可放回抽样为基础，每个样本是由初始训练集 D 有放回抽样得到，生成多个训练子集后，D 中的样本总有一些不被抽取，令 N 为初始训练集 D 中样本的个数，每个样本不能被抽取的概率为 $(1-1/N)^N$。

虽然都是有放回抽样，但是 Boosting 方法与 Bagging 方法区别很大：首先，在训练过程中，Bagging 方法是独立随机的，而 Boosting 方法每一次训练都是在前一次的基础上进行，Bagging 方法可较好地支持算法的并行处理；其次，Bagging 方法抽取出的训练子集没有权重，而 Boosting 方法在抽样的过程中，对每个训练子集都设定权重。

随机森林在生成过程中，主要采用 Bagging 方法，从原始数据集中产生 N 个训练子集，每个子集大小约为原始数据集的 2/3。Bagging 方法产生的训练子集中的样本存在一定的重复，这样可一定程度避免随机森林中的决策树不产生局部最优解。

3.1.5.2 步骤二：构建每棵决策树

随机森林为每个训练样本子集分别建立一棵决策树，最终生成 N 棵决策树形成森林。通过结点分裂，随机森林产生每棵完整的决策树，参与结点分裂属性指标计算的属性个数称为随机特征变量。

（1）结点分裂。结点分裂是随机森林算法的核心步骤，通过结点分裂才能产生一棵完整的决策树，每棵树的分支的生成，都是按照某种分裂规则选择属性，不同的规则对应不同的分裂算法。在结点分裂时，将每个属性的所有划分按照规则指标进行排序，然后按照规则选择某个属性作为分裂属性，并按照其划分实现决策树的分支生长。

（2）随机特征变量的随机选取。随机特征变量是指随机森林算法在生成的过程中，参与结点分裂属性比较的属性个数。由于随机森林在进行结点分裂时，不是所有的属性都参与属性指标计算，而是随机地选择某几个属性参与比较，参与的属性个数就称之为随机特征变量。在进行结点分裂时，让所有的属性按照某种概率分布随机选择其中某几个属性参与结点的分裂过程。随机特征变量有两种产生方法：随机选择输入变量（Forest-RI）和随机组合输入变量（Forest-RC）。

Forest-RI 是对输入变量随机分组（每组变量的个数 F 是一个定值），然后对于每组变量，利用 CART 方法产生一棵树，并让其充分生长，不进行剪枝。在每个结点上，对输入该结点的变量，重复前面的随机分组，再重复 CART 方法，直到将所有结点均为叶结点为止。一般 F 有两种选择，首先是 $F=1$，其次取 F 为小于 $\log_2 M+1$ 的最大正整数，其中 M 是输入变量的个数。

Forest-RC 是先将随机特征进行线性组合，然后再作为输入变量来构建随机森林的方法。随机选择 L 个输入变量进行线性组合得到新的特征（不同的 L 值对应不同特征）。在每个结点上，随机选出 L 个变量 v_1，v_2，…，v_i 及 L 个随机数 k_i，做线性组合得到变量 v，公式如下：

$$v=\sum_{i=1}^{L}k_i v_i,\ k_i\in[-1,\ 1] \tag{3-27}$$

一般地，对于给定的集合 M，具有 $O(M^L)$ 种不同的输入变量的组合。最常用的随机森林算法都是使用 Forest-RI 方法构建，在每棵子树的生长过程中，随机抽取指定 $F(F\leqslant M)$ 个随机特征变量，F 的取值一般为 $\log_2 M+1$，以这 F 个属性上最好的分裂方式对结点进行分裂，从而达到结点分裂的随机性。

3.1.5.3 步骤三：形成森林并执行算法

重复步骤一，为每棵决策树抽样产生训练子集，然后重复步骤二，构建每棵决策树，由此生成了大量的决策树，最终形成了随机森林。

随机森林算法最终的输出结果采取大多数投票法实现。根据随机构建的 N 棵决策树将对某测试样本进行分类，将每棵子树的结果汇总，所得票数最多的分类结果，将作为算法最终的输出结果。

3.1.6 随机森林的收敛性

泛化能力表示一个机器学习算法对新鲜数据的适应能力，具体到分类预算法则表示一个分类预测器对新鲜数据的分类预测准确度。泛化误差也叫外推误差，则表示分类预测器对新鲜数据分类预测错误或偏差的比值。Breiman 经过引进分类边缘（或边际）函数（Margin function），以大数定律作为理论基础，对随机森林作了定量的研究分析，获得了下面结果：当森林中决策树的数量不断增加时，随机森林的外推误差也会相应地增加，并逐渐趋于一个有限的上边界。

设原始数据集为 $D\{X,\ Y\}$，其中 X 是原始数据的特征属性，Y 是 X 对应的类别属性。

3.1.6.1 边缘函数（Margin function）

对于一组给定的分类器集合 $\{h_i(X)\}$，$i=1,\ 2,\ \cdots,\ k$，则数据样本（X，Y）的边缘函数为：

$$mg(X,\ Y)=av_k[I(h_k(X)=Y)]-\max_{j\neq Y}av_k[I(h_k(X)=j)] \tag{3-28}$$

式中 $I(\cdot)$ ——指示函数；

Y——正确的分类向量；

j——不正确的分类向量；

$av_k(\cdot)$——错误分类树的平均值。

边缘函数 $mg(X, Y)$ 量度了分类预测器将未知数据划分为准确类的平均比例和划分为其他类的平均比例之差。当 $mg(X, Y)>0$ 时，表示这个数据点被该分类预测器准确划分，否则被错误划分。当 $mg(X, Y)$ 的取值逐渐变大时，说明该分类预测器对原始数据集 X 的分类效果也越来越好，且置信度也会增加[186]。

3.1.6.2 泛化误差

分类预测器的外推误差表达如下：

$$PE^* = P_{X,Y}(mg(X, Y) < 0) \tag{3-29}$$

式中 PE^*——在 (X, Y) 空间分布中取得的概率。

当随机森林中决策树分类预测模型非常多时，$h_k(X)=h(X, \theta_k)$ 将遵循大数定律及式（3-30）。

当随机森林中决策预测模型数量增加，对一切序列 $\{\theta_i\}$，$i=1, 2, \cdots, k$，将使得 PE^* 几乎在任何地方都收敛于：

$$P_{X,Y}\{P_\theta[(h(X, \theta)=Y)] - \max_{j\neq Y} P_\theta[(h(X, \theta)=j)] < 0\} \tag{3-30}$$

式中 θ——单分类预测器的随机向量；

$h(X, \theta)$——基于 X 和 θ 的分类预测器的输出。

由随机森林的一个上边界值能够推导出单分类预测模型的两个重要参数，即精度参数分类强度（Strength）和数据属性彼此间独立性参数相关系数（Correlation），它们是随机森林外推误差大小的决定性因素。并且，随机森林中单棵决策树的分类强度与外推误差成正比，而相关系数与外推误差则成反比。

随机森林相对数据集 (X, Y) 的边缘函数为：

$$mr(X, Y) = P_\theta[h(X, \theta)=Y] - \max_{j\neq Y} P_\theta[(h(X, \theta)=j)] \tag{3-31}$$

则分类预测器集合 $\{h(X, \theta)\}$ 的泛化能力强度 s 为：

$$s = E_{X,Y} mr(X, Y) \tag{3-32}$$

s 值的大小代表随机森林边缘函数的数学期望，如果 $s \geqslant 0$，利用切比雪夫不等式有：

$$PE^* \leqslant \frac{var(mr)}{s^2} \tag{3-33}$$

式中 $var(mr)$——随机森林边缘函数 $mr(X, Y)$ 的方差。

基分类预测模型的边缘函数：

$$rmg(\theta, X, Y) = I[h(X, \theta)=Y] - I_\theta[h(X, \theta)=\hat{j}(X, Y)] \tag{3-34}$$

式中 $mr(X, Y)$——$rmg(\theta, X, Y)$ 在 θ 上的期望值。

随机森林外推误差上边界：

$$PE^* \leqslant \frac{\bar{\rho}(1-s^2)}{s^2} \tag{3-35}$$

式中 $\bar{\rho}$——决策树之间的相关度的平均值；

s——决策树的平均强度。

随机森林外推误差的上边界范围对随机森林的作用等同于 VC 边界对其他分类预测模型的作用，且相关系数 c 与分类强度 s 的平方之比 c/s^2 能够直观体现随机森林的作用。当森林中各棵树之间的相关性增强而随机森林模型的分类强度下降，外推误差的上边界会随之增大，此时利用随机化能够改进模型的外推误差，避免过拟合问题的出现[196]。

3.2 基于随机森林—层次分析法的指标权重计算方法

岩爆评价指标权重的确定是基于云模型的岩爆预测的关键，然而，针对岩爆预测中岩爆评价指标权重确定，至今没有公认的最优计算方法。目前，国内外学者提出了各种权重计算方法，主要分为三种类型：（1）主观权重法，该类方法根据人的主观经验和认知确定权重，诸如问卷调查法、德尔菲法、最小平方法、二项系数法、层次分析法等；（2）客观权重法，该类方法完全从客观数据出发，不掺杂任何主观偏好，诸如因子分析法、主成分分析法、变异系数法、熵权法、目标规划法、CRITIC 法等；（3）组合权重法，该类方法是将主观权重法和客观权重法相融合，利用一定的算法整合两种方法的优点，诸如乘法合成法、线性加权法等。主观权重法和客观权重法都有各自的适用环境，针对实际问题，一般都是选择合适的权重计算方法，但是两种方法又都有各自的局限性。主观权重法将决策者的主观偏好和判断转换为实际的评估值，体现了决策者的主导作用，由于权重计算值受决策者的个体差异影响，使得决策结果不可避免地存在主观性和不确定性。客观权重法完全依靠客观数据，避免了人为因素的干预，但是却完全舍弃了决策者的主观能动性，过于追求客观性也会使决策过程灵活性欠缺。因此，多数研究采用通过某种算法将主客观权重法结合的组合权重法，但该方法一般都是采用某种算法，将主观权重法和客观权重法的计算结果机械地组合，实用性还有待提高，并不适用于所有问题。鉴于此，针对岩爆预测中的指标权重计算，仍有必要探索如何优化现有方法或者提出新方法。

考虑岩爆预测的时效性，本节选择层次分析法计算岩爆评价指标权重，但是层次分析法较依赖决策者的主观经验，应用于具有不确定性、随机性、模糊性的岩爆预测问题时，必须进行一定的优化。将能够有效处理数据特征模糊的随机森林算法用于岩爆评价指标重要性分析，建立基于随机森林的岩爆评价指标重要性分析模型，对岩爆评价指标的重要性进行客观的量化分析，并据此构造层次分析法中的分析矩阵，优化层次分析法，构建随机森林—层次分析法（RF-AHP）的指标权重计算方法。

3.2.1 基本的层次分析法

层次分析法（Analytic hierarchy process，AHP）由美国运筹学家 SAATY T L 于 20 世纪 70 年代提出[193,194]。运用层次分析法进行指标权重计算时[195]，其基本步骤如下。

步骤①：分析各指标间的关系，建立层次结构；

步骤②：对同一层次的各指标关于上一层次中某一准则的重要性进行两两比较，构造分析矩阵；

步骤③：计算权重；

步骤④：一致性检验并修正。

（1）建立层次结构。建立层次结构模型，复杂问题分解为元素，元素又按其属性分成若干组，形成不同层次，层次可分为：目标层、准则层、方案层，准则层可由若干个层次组成。

（2）构造分析矩阵。分析矩阵构造如表 3-1 所示，赋值原则如表 3-2 所示。

表 3-1　分析矩阵构造表

项目	B_1	B_2	…	B_N
B_1	B_{11}	B_{12}	…	B_{1N}
B_2	B_{21}	B_{22}	…	B_{2N}
⋮	⋮	⋮	⋮	⋮
B_N	B_{N1}	B_{N2}	…	B_{NN}

表 3-2　层次分析法分析赋值原则

赋值	重要性差异	备注
1	B_I 与 B_J 一样重要	当 B_I 与 B_J 比较时，其赋值是 B_I 与 B_J 标量的倒数
3	B_I 与 B_J 重要一点	
5	B_I 与 B_J 重要	
7	B_I 与 B_J 重要很多	
9	B_I 与 B_J 极端重要	
2，4，6，8	不能确认重要性差异时可赋予的中间值	

（3）权重计算。根据分析矩阵计算指标权重步骤如下。

步骤①：对分析矩阵列向量进行归一化。

$$W'_{ij} = \frac{b_{ij}}{\sum_{i=1}^{n} b_{ij}} \tag{3-36}$$

步骤②：归一化的列向量按行求和。

$$W'_i = \sum_{j=1}^{n} W'_{ij} \tag{3-37}$$

步骤③：计算指标权重。

$$W_i = \frac{W'_i}{\sum_{j=1}^{n} W'_j} \tag{3-38}$$

（4）一致性检验。一致性检验步骤如下。

步骤①：计算特征根。

$$\lambda = \frac{1}{n}\sum_{i=1}^{n} \frac{(BW)_i}{W_i} \tag{3-39}$$

步骤②：一致性指标计算。

$$CI = \frac{\lambda - n}{n - 1} \tag{3-40}$$

式中 CI—— 一致性指标，要求 $CI<0.1$。

步骤③：一致性检验。

$$CR = \frac{CI}{RI} \tag{3-41}$$

式中 RI——平均随机一致性指标，取值如表 3-3 所示。

表 3-3 平均随机一致性指标取值表

矩阵阶数	3	4	5	6	7	8	9	10
RI	0. 58	0. 90	1. 12	1. 24	1. 32	1. 41	1. 45	1. 49

3. 2. 2 基于随机森林的岩爆评价指标重要性分析

目前，分析影响因素（指标）重要性的方法众多，大多都对数据有较高的要求，或需足够大的样本数据量，又或要求样本数据服从某个典型的分布，且都有各自的适用范围，因此，选择合适的方法至关重要。

考虑到目前的岩爆工程实例数据量还十分有限，数据特征又具有模糊性，将能够有效处理数据特征模糊的随机森林算法用于岩爆评价指标重要性分析。随机森林算法[196]作为一种新的集成学习算法，计算效率高、训练速度快、对噪声和异常值容忍度好，已经在岩土工程[197]、水电系统[198]、生态学[199]等领域取得了广泛的应用。

3.2.2.1 模型建立

基于随机森林对岩爆评价指标重要性进行分析时，采用变量重要性分数（Variable importance score）作为衡量指标[201]。变量重要性分数的主要作用是衡量各岩爆评价指标对岩爆烈度等级的影响程度，即衡量各条件属性（自变量）对决策属性（因变量）的影响。基于随机森林的岩爆评价指标重要性分析模型的计算流程如图 3-4 所示。

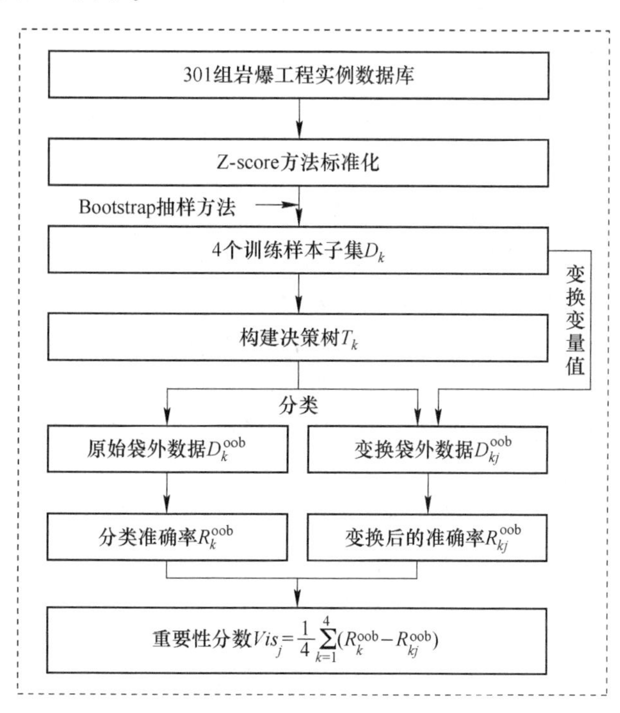

图 3-4 基于随机森林的岩爆评价指标重要性分析流程

基于随机森林的岩爆评价指标重要性分析模型计算步骤如下。

步骤①：采用 Z-score 方法[196]对 301 组岩爆工程实例数据矩阵中 4 个岩爆评价指标进行标准化。假设 $X=(x_{ij})_{m\times n}$ 是学习样本中 m 个样本对象和 n 个评价指标中第 i 个对象的第 j 个指标取值 x_{ij} 构成的原始数值矩阵，则有：

$$x_{ij}^{*}=\frac{x_{ij}-\bar{x}_j}{s_j}\quad(i=1,\ 2,\ \cdots,\ m;\ j=1,\ 2,\ \cdots,\ n)\tag{3-42}$$

$$\bar{x}_j=\frac{1}{m}\sum_{i=1}^{m}x_{ij}\tag{3-43}$$

$$s_j = \sqrt{\frac{1}{m-1}\sum_{i=1}^{m}(x_{ij} - \bar{x}_j)} \tag{3-44}$$

式中 $\bar{x}_j$——第 j 个指标的均值；

s_j——第 j 个指标的标准差。

步骤②：将岩爆烈度等级预测数据库的集合设为 D，4 个岩爆评价指标的集合用向量 $X = \{X_1, X_2, \cdots, X_j\}(j = 1, 2, 3, 4)$ 表示。针对岩爆烈度等级预测数据库，采用 Bootstrap 抽样方法，生成 4 个训练样本子集，设 $D_k(k = 1, 2, 3, 4)$ 为第 k 个训练样本子集，向量 $Vis_j = \{Vis_1, Vis_2, \cdots, Vis_j\}(j = 1, 2, 3, 4)$ 为变量重要性分数。

步骤③：将 k 值取 1。

步骤④：对第 k 个训练样本子集 D_k 构建决策树 T_k，设 D_k^{oob} 为对应的袋外数据。

步骤⑤：采用步骤④构建的 T_k 分类 D_k^{oob}，并计算对应的分类准确率 R_k^{oob}。

步骤⑥：变换第 j 个变量 X_j 的变量值，直至其 D_k^{oob} 中样本自变量与因变量的关系被打断，设 D_{kj}^{oob}为扰动之后的袋外数据。

步骤⑦：采用步骤④构建的 T_k 分类 D_{kj}^{oob}，并计算对应的分类准确率 R_{kj}^{oob}。

至此，一个训练样本子集上的分类准确率计算完成。

步骤⑧：分别令 $k=1, 2, 3, 4$，重复进行步骤④~⑦的操作，可求得各个训练样本子集对应的 R_k^{oob} 和 R_{kj}^{oob}。

步骤⑨：第 j 个变量 X_j 的变量重要性分数可通过以下公式求得：

$$Vis_j = \frac{1}{4}\sum_{k=1}^{4}(R_k^{oob} - R_{kj}^{oob}) \tag{3-45}$$

步骤⑩：分别令 $j=1, 2, 3, 4$，重复上述步骤，所有变量重要性分数求解得到后，输出变量重要性分数向量 $Vis = \{Vis_1, Vis_2, Vis_3, Vis_4\}$。

3.2.2.2 模型主要参数及实现

基于随机森林的岩爆评价指标重要性分析模型主要参数取值如表 3-4 所示。

表 3-4 基于随机森林的岩爆评价指标重要性分析模型参数

分类	名称	描述	取值
框架参数	n_estimators	训练集进行有放回抽样生成的数据集的个数	100
	bootstrap	原始数据集采样方式，分为有放回和无放回	True
	obb_score	控制袋外数据评估模型的好坏	True
决策树参数	max_features	决策树最优模型使用的最大特征数	None
	max_depth	决策树最大深度	None
	min_samples_leaf	叶结点最小的样本数目	1

续表 3-4

分类	名称	描述	取值
决策树参数	min_samples_split	决策树结点可分的最小类别	2
	min_weight_fraction_leaf	叶子节点最小的样本权重和	0
	max_leaf_nodes	最大叶子节点数	None
	min_impurity_split	节点划分最小不纯度	1e-7

基于随机森林的岩爆评价指标重要性分析模型采用 Sklearn 模块下的 RandomForestRegressor 函数，在基于 Python3.7 的 Anaconda+PyCharm 平台上开发计算程序实现。

3.2.2.3 模型求解结果

对包含有 301 组岩爆工程实例的岩爆烈度等级预测数据库，多次求解出的 4 个岩爆评价指标重要性分数都不一样，但均在一定范围波动。采取多次试验求取平均值的方法求解岩爆评价指标重要性分数。如图 3-5 所示，通过构建基于随机森林的岩爆评价指标重要性分析模型，求解出了 4 个岩爆评价指标重要性分数的平均值。

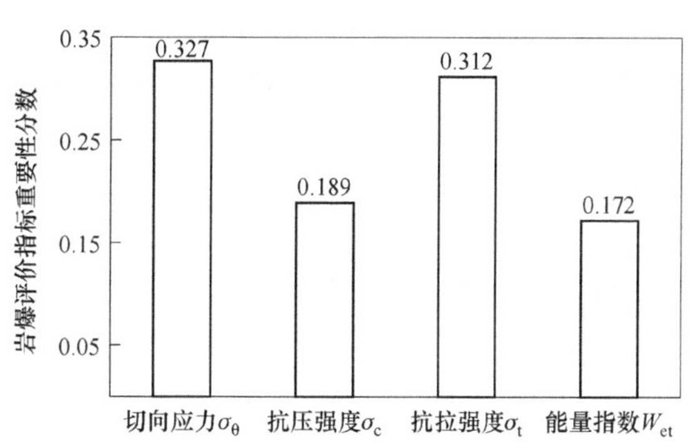

图 3-5 岩爆评价指标重要性分数值

如表 3-5 所示，在 4 个岩爆评价指标中，σ_θ 重要性分数最高，说明其发挥的作用最大，其次是 σ_t，σ_c 和 W_{et} 位列后两位。

表 3-5 基于随机森林的岩爆评价指标重要性分析结果

岩爆评价指标	重要性分数	重要性排行
σ_θ	0.327	1
σ_t	0.312	2
σ_c	0.189	3
W_{et}	0.172	4

3.2.3 随机森林—层次分析法构建

基本的层次分析法是根据主体对客体的认识对准则层中各指标的重要性进行判断，并赋予其具体的量值，由此构造分析矩阵，判断各指标的重要性完全依赖决策者。而随机森林—层次分析法则是根据基于随机森林的岩爆评价指标重要性分析模型的计算结果，构造分析矩阵，如图 3-6 所示。

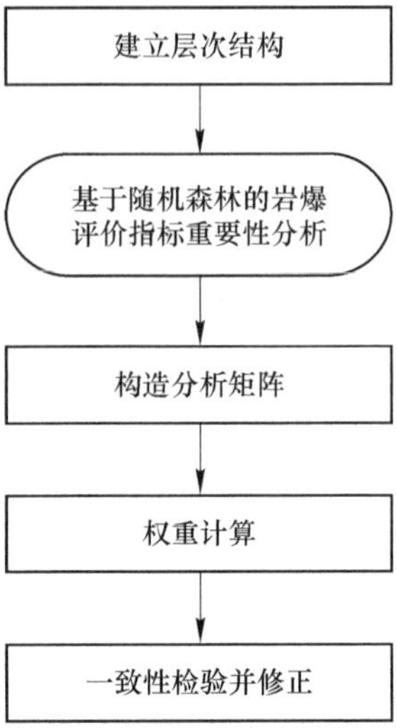

建立层次结构

↓

基于随机森林的岩爆评价指标重要性分析

↓

构造分析矩阵

↓

权重计算

↓

一致性检验并修正

图 3-6 随机森林—层次分析法计算流程

基于 RF-AHP 的岩爆评价指标权重计算方法的基本步骤如下。

步骤①：分析各岩爆评价指标间的关系，建立层次结构；

步骤②：基于随机森林的岩爆评价指标重要性分析；

步骤③：两两比较，构造分析矩阵；

步骤④：计算权重；

步骤⑤：一致性检验并修正。

RF-AHP 指标权重计算方法中构造的分析矩阵，不完全依赖决策者的主观判断，而是基于客观数据，将主观性和客观性进行有机结合，保留了层次分析法计算高效灵活的优点，降低了主观因素依赖性，合理地计算了指标权重[200]。

3.3 基于随机森林优化层次分析法—云模型的岩爆预测模型

3.3.1 岩爆烈度等级预测模型构建

根据云模型理论，将岩爆烈度等级标准看作定性概念，并映射成高斯云，为了方便研究，假设岩爆预测样本服从高斯分布，则 μ 为该样本隶属于某岩爆烈度等级的确定度。基于随机森林优化层次分析法—云模型（RF-AHP-CM）的岩爆烈度等级预测模型具体计算步骤如下。

步骤①：确定岩爆评价指标，依据岩爆烈度等级标准计算各自的云数字特征；

步骤②：将计算得到的熵和超熵代入正向高斯云发生器中形成高斯云滴，计算各岩爆评价指标相对于各岩爆烈度等级标准的隶属程度；

步骤③：采用 RF-AHP 方法计算岩爆评价指标权重；

步骤④：读取岩爆预测样本实例数据，计算各评价指标权重，以及每个评价指标隶属于各个岩爆等级的确定度，二者相乘即为综合确定度，预测样本所属岩爆烈度等级根据综合确定度最大值所对应的岩爆级别确定。

基于 RF-AHP-CM 的岩爆烈度等级预测模型的计算流程如图 3-7 所示。

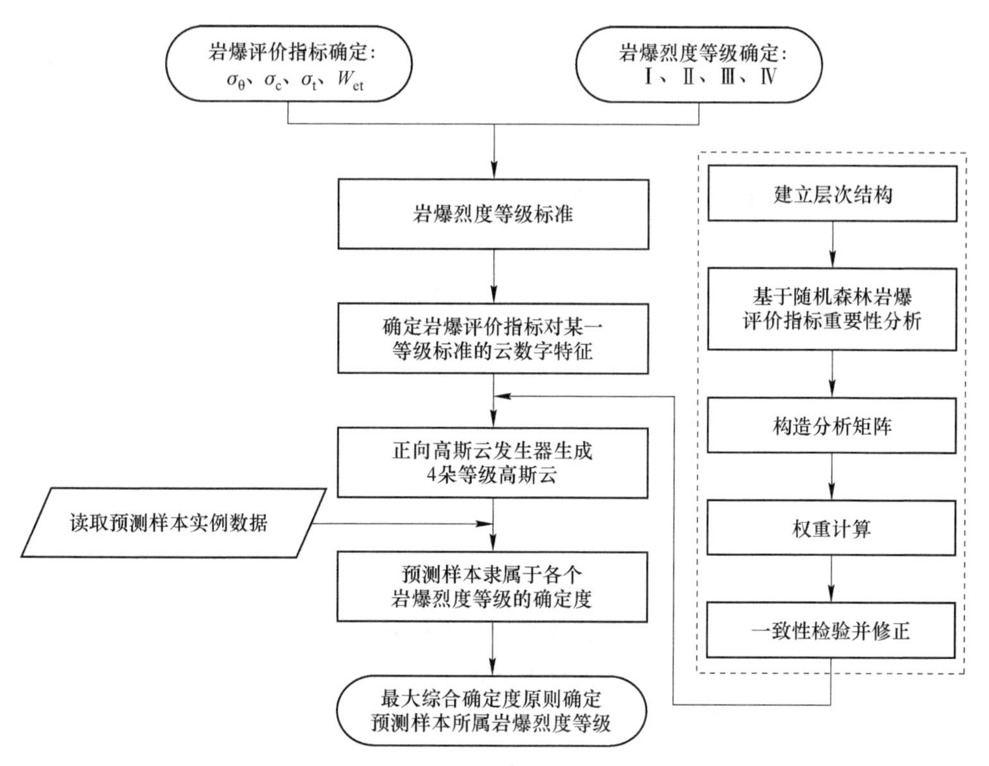

图 3-7 基于随机森林优化层次分析法—云模型的岩爆烈度等级预测流程

3.3.2 岩爆烈度等级标准确定

参考已有研究成果[66,85-90]，建立岩爆烈度等级标准和各评价指标的关系，如表 3-6 所示。

表 3-6 岩爆烈度等级标准

评价指标	岩爆烈度等级			
	Ⅰ级（无岩爆）	Ⅱ级（轻微岩爆）	Ⅲ级（中级岩爆）	Ⅳ级（强烈岩爆）
σ_θ/MPa	0~24	24~60	60~126	126~200
σ_c/MPa	0~80	80~120	120~180	180~320
σ_t/MPa	0~5	5~7	7~9	9~30
W_{et}	0~2	2~3.5	3.5~5	5~20

由云模型理论[202,203]可知，岩爆评价指标对某一岩爆烈度等级标准的全云

数字特征可按式（3-46）计算：

$$\begin{cases} Ex = \dfrac{C_{max} + C_{min}}{2} \\ En = \dfrac{C_{max} - C_{min}}{6} \\ He = k \end{cases} \tag{3-46}$$

半降云数字特征可按式（3-47）计算：

$$\begin{cases} Ex = C_{max} \\ En = \dfrac{C_{max} - C_{min}}{3} \\ He = k \end{cases} \tag{3-47}$$

半升云数字特征可按式（3-48）计算：

$$\begin{cases} Ex = C_{min} \\ En = \dfrac{C_{max} - C_{min}}{3} \\ He = k \end{cases} \tag{3-48}$$

式中 C_{max}——某一岩爆烈度等级标准的最大边界；

C_{min}——某一岩爆烈度等级标准的最小边界；

k——表征熵 En 离散程度的常数，一般 $0.01 \leqslant k \leqslant 0.1$，参考已有研究成果[85-90]，$k$ 取 0.01。

假设 Ⅰ(0, a]，Ⅱ(a, b]，Ⅲ(b, c] 和Ⅳ(c, d] 分别为某岩爆评价指标的 4 个评价区间，云模型数字特征计算如表 3-7 所示，其中 Ⅰ(0, a] 采用半降云数字特征值计算，其余计算采用全云数字特征值。

表 3-7 岩爆等级评价的云模型数字特征

岩爆烈度等级	期望 Ex	熵 En	超熵 He
Ⅰ级（无岩爆）	$Ex_1 = a$	$En_1 = a/3$	0.01
Ⅱ级（轻微岩爆）	$Ex_2 = a + b/2$	$En_2 = b - a/6$	0.01
Ⅲ级（中级岩爆）	$Ex_3 = b + c/2$	$En_3 = c - b/6$	0.01
Ⅳ级（强烈岩爆）	$Ex_4 = c + d/2$	$En_4 = d - c/6$	0.01

3.3.3 岩爆评价指标云模型生成

根据表 3-6 和表 3-7，运用正向高斯云发生器分别对 σ_θ、σ_c、σ_t 和 W_{et} 生成对应各级岩爆的云模型，如图 3-8 所示。

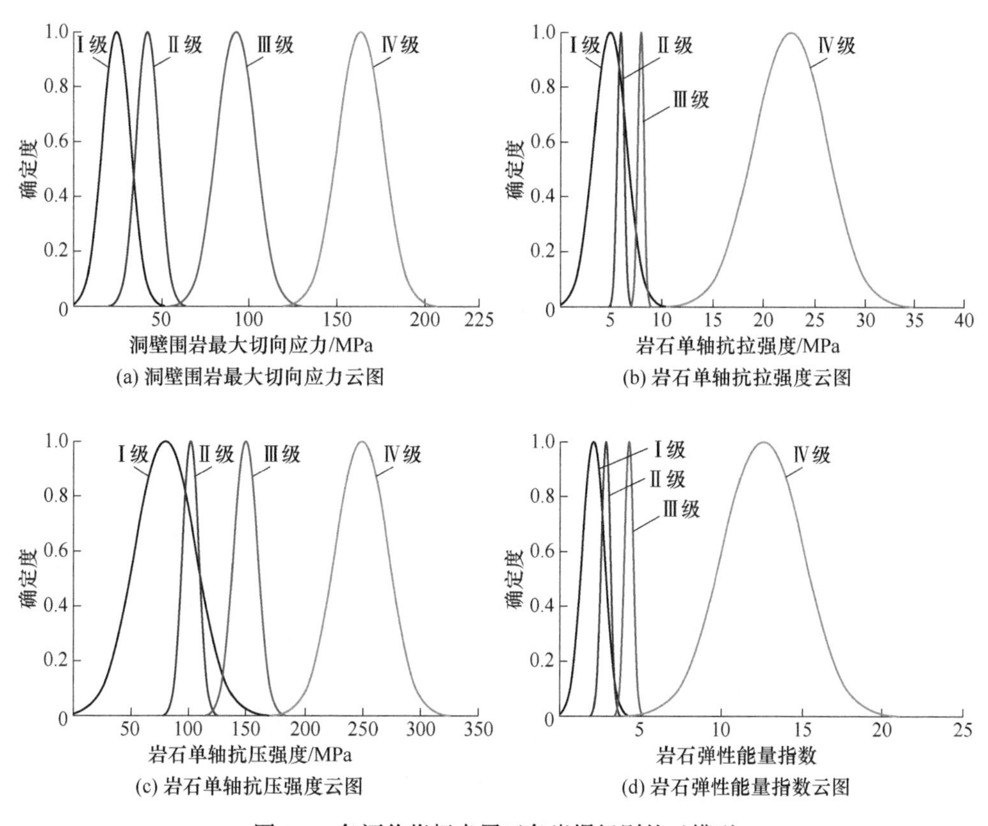

(a) 洞壁围岩最大切向应力云图

(b) 岩石单轴抗拉强度云图

(c) 岩石单轴抗压强度云图

(d) 岩石弹性能量指数云图

图 3-8 各评价指标隶属于各岩爆级别的云模型

图 3-8（a）~（d）分别代表该岩爆评价指标对应Ⅰ级至Ⅳ级的岩爆云图。

3.3.4 岩爆评价指标权重计算

基于 RF-AHP-CM 的岩爆烈度等级预测模型的关键步骤就是计算 4 个岩爆评价指标的权重。采用 RF-AHP 方法计算岩爆评价指标权重过程如下：

（1）建立层次结构。对于岩爆烈度等级预测问题，只包含一个准则层，σ_θ、σ_c、σ_t 和 W_{et} 4 项物理力学指标均在该层中，构建的岩爆烈度等级预测层次结构如图 3-9 所示。

（2）基于随机森林的岩爆评价指标重要性分析。由 3.2.2 节模型求解结果可知：σ_θ 最重要，比 σ_t 重要一点，比 σ_c 重要，与 W_{et} 关系是介于重要与重要很多之间；σ_t 比 σ_c 重要一点，比 W_{et} 重要；σ_c 比 W_{et} 重要一点。

（3）构造分析矩阵并计算权重。按照 σ_θ、σ_c、σ_t、W_{et} 的顺序，根据表 3-1、表 3-2，指标权重计算过程如下：

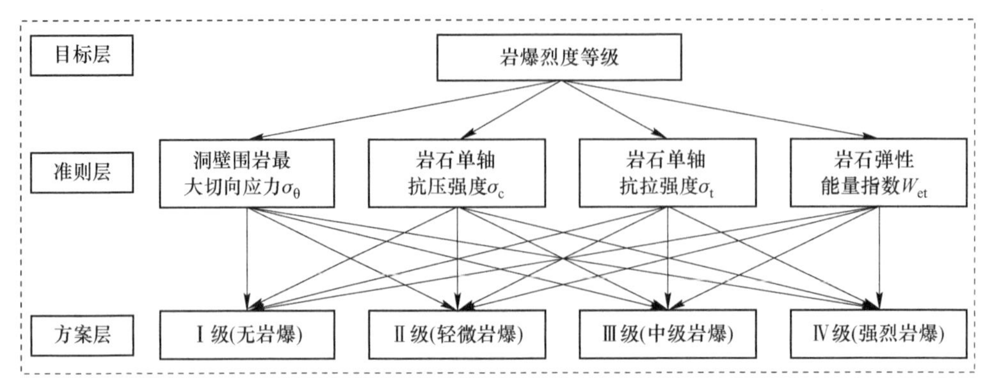

图 3-9　岩爆烈度等级评价层次结构

$$\text{分析矩阵}\qquad\qquad\qquad\text{归一化}\qquad\qquad\qquad\text{列向量求和权重}$$

$$B = \begin{bmatrix} 1 & 3 & 5 & 6 \\ 1/3 & 1 & 3 & 5 \\ 1/5 & 1/3 & 1 & 3 \\ 1/6 & 1/5 & 1/3 & 1 \end{bmatrix} \rightarrow \begin{bmatrix} 0.588 & 0.662 & 0.536 & 0.400 \\ 0.196 & 0.221 & 0.321 & 0.333 \\ 0.118 & 0.074 & 0.107 & 0.200 \\ 0.098 & 0.044 & 0.036 & 0.067 \end{bmatrix} \rightarrow \begin{bmatrix} 2.186 \\ 1.071 \\ 0.498 \\ 0.245 \end{bmatrix} \rightarrow \begin{bmatrix} 0.546 \\ 0.268 \\ 0.125 \\ 0.061 \end{bmatrix}$$

（4）一致性检验。

$$BW = \begin{bmatrix} 1 & 3 & 5 & 6 \\ 1/3 & 1 & 3 & 5 \\ 1/5 & 1/3 & 1 & 3 \\ 1/6 & 1/5 & 1/3 & 1 \end{bmatrix} \begin{bmatrix} 0.546 \\ 0.268 \\ 0.125 \\ 0.061 \end{bmatrix} = \begin{bmatrix} 2.341 \\ 1.130 \\ 0.507 \\ 0.247 \end{bmatrix}$$

特征根计算：

$$\lambda = \frac{1}{n}\sum_{i=1}^{n}\frac{(BW)_i}{W_i} = \frac{1}{4}\left(\frac{2.341}{0.546} + \frac{1.130}{0.268} + \frac{0.507}{0.125} + \frac{0.247}{0.061}\right) = 4.15229$$

一致性指标检验：

$$CI = \frac{\lambda - n}{n - 1} = \frac{4.15229 - 4}{4 - 1} = 0.0507633 < 0.1$$

一致性比率检验：

$$CR = \frac{CI}{RI} = \frac{0.0507633}{0.90} = 0.0564037 < 0.1$$

一致性检验合格，分别以 a、b、c、d，代表 σ_θ、σ_t、σ_c 和 W_{et}，则权重为：$w_a = 0.546$；$w_b = 0.268$；$w_c = 0.125$；$w_d = 0.061$。

3.3.5　岩爆综合确定度计算

根据正向高斯云算法，计算某岩爆预测样本隶属于某岩爆烈度等级云的确定度，再结合岩爆评价指标权重计算值，由式（3-49）计算综合确定度：

$$\Omega = \sum_{i=1}^{n} \mu w_i \tag{3-49}$$

式中 w_i——评价指标权重。

岩爆预测样本主要发生的岩爆烈度等级可根据综合确定度最大值确定，还可能发生的岩爆烈度等级可由其余综合确定度值判断。

3.4 模型有效性验证

从301组岩爆工程实例数据中随机抽取60组作为岩爆预测样本，对比分析RF-AHP-CM与AHP-CM岩爆预测模型的岩爆烈度等级预测结果，比较层次分析法改进前后模型的预测效果，评估RF-AHP-CM岩爆预测模型的准确性和实用性。

从目前的岩爆预测研究来看，模糊C均值—粗糙集（Fuzzy C-means-rough set，FCM-RS）岩爆评价指标权重计算方法基于40组岩爆工程实例数据，优于传统的主客观权重计算方法，FCM-RS-CM岩爆预测模型实际应用效果也相对较优[86]。因此，对比分析FCM-RS-CM与RF-AHP-CM岩爆预测模型的计算结果，进一步评估RF-AHP-CM岩爆预测模型的准确性和实用性。

为了验证所构建模型的有效性，需要借助性能度量指标，分类任务中常用的性能度量指标有：错误率、精度、查准率、查全率、F1（基于查准率与查全率的调和平均）、ROC曲线（Receiver operating characteristic）与AUC（Area under ROC curve）、代价敏感错误率、代价曲线等[196]。其中精度是分类正确的样本数占样本总数的比例，是最常用的性能度量指标之一。

从考虑直观反映模型有效性，便于工程技术人员掌握，利于模型推广使用，以及提高模型的工程应用价值的角度，采用精度，即预测准确率这一性能度量指标，验证RF-AHP-CM岩爆预测模型的有效性，该指标同样适用于第4章、第5章的模型有效性验证。

针对60组岩爆预测样本，RF-AHP-CM、AHP-CM、FCM-RS-CM 3个岩爆预测模型的岩爆烈度等级预测结果如表3-8所示。

表3-8 岩爆预测结果

序号	工程名称	RF-AHP-CM模型综合确定度				RF-AHP-CM预测	AHP-CM预测	FCM-RS-CM预测	实际等级
		Ω(Ⅰ)	Ω(Ⅱ)	Ω(Ⅲ)	Ω(Ⅳ)				
1	天生桥二级水电站隧洞	0.000	0.121	0.730	0.004	Ⅲ	Ⅲ	Ⅲ	Ⅲ
2	二滩水电站2号支洞	0.099	0.000	0.634	0.056	Ⅲ	Ⅱ	Ⅲ	Ⅱ

续表 3-8

序号	工程名称	RF-AHP-CM 模型综合确定度				RF-AHP-CM 预测	AHP-CM 预测	FCM-RS-CM 预测	实际等级
		Ω(Ⅰ)	Ω(Ⅱ)	Ω(Ⅲ)	Ω(Ⅳ)				
3	龙羊峡水电站地下硐室	0.687	0.238	0.001	0.008	Ⅰ	Ⅱ	Ⅰ	Ⅰ
4	鲁布革水电站地下硐室	0.512	0.508	0.123	0.010	Ⅰ	Ⅰ	Ⅰ	Ⅰ
5	渔子溪水电站引水隧洞	0.001	0.000	0.547	0.124	Ⅲ	Ⅲ	Ⅲ	Ⅲ
6	太平驿水电站地下硐室	0.009	0.051	0.005	0.024	Ⅱ	Ⅲ	Ⅱ	Ⅱ
7	李家峡水电站地下硐室	0.461	0.013	0.001	0.002	Ⅰ	Ⅰ	Ⅱ	Ⅰ
8	瀑布沟水电站地下硐室	0.299	0.781	0.006	0.001	Ⅱ	Ⅲ	Ⅲ	Ⅲ
9	锦屏二级水电站引水隧洞	0.217	0.021	0.485	0.000	Ⅲ	Ⅲ	Ⅲ	Ⅲ
10	拉西瓦水电站地下厂房	0.024	0.055	0.109	0.027	Ⅲ	Ⅲ	Ⅲ	Ⅲ
11	挪威 Sima 水电站厂房	0.042	0.141	0.322	0.002	Ⅲ	Ⅱ	Ⅲ	Ⅲ
12	挪威 Heggura 公路隧道	0.034	0.004	0.109	0.002	Ⅲ	Ⅱ	Ⅲ	Ⅲ
13	挪威 Sewage 隧道	0.002	0.000	0.149	0.010	Ⅲ	Ⅲ	Ⅲ	Ⅲ
14	瑞典 Forsmark 核电站隧洞	0.240	0.020	0.448	0.001	Ⅲ	Ⅲ	Ⅱ	Ⅲ
15	瑞典 Vietas 水电站隧洞	0.162	0.312	0.021	0.002	Ⅱ	Ⅲ	Ⅱ	Ⅱ
16	前苏联 Rasvumchorr 井巷	0.042	0.027	0.138	0.002	Ⅲ	Ⅲ	Ⅲ	Ⅲ
17	日本关越隧道	0.038	0.000	0.659	0.103	Ⅲ	Ⅲ	Ⅱ	Ⅲ
18	意大利 Raibl 铅锌矿井巷	0.060	0.000	0.001	0.522	Ⅳ	Ⅲ	Ⅳ	Ⅳ
19	秦岭隧道 DyK77+176	0.027	0.026	0.028	0.008	Ⅲ	Ⅲ	Ⅲ	Ⅲ
20	秦岭隧道 DyK72+440	0.126	0.029	0.002	0.260	Ⅳ	Ⅳ	Ⅳ	Ⅳ
21	秦岭隧道某段一	0.034	0.038	0.060	0.006	Ⅲ	Ⅲ	Ⅲ	Ⅲ
22	秦岭隧道某段二	0.045	0.000	0.003	0.087	Ⅳ	Ⅳ	Ⅳ	Ⅲ
23	括苍山隧道	0.257	0.337	0.030	0.000	Ⅱ	Ⅱ	Ⅱ	Ⅱ
24	通渝隧道 K21+720 断面	0.302	0.352	0.006	0.001	Ⅱ	Ⅰ	Ⅱ	Ⅱ
25	通渝隧道 K21+212 断面	0.403	0.509	0.000	0.004	Ⅱ	Ⅱ	Ⅱ	Ⅱ
26	通渝隧道 K21+740 断面	0.317	0.504	0.000	0.001	Ⅱ	Ⅱ	Ⅱ	Ⅱ
27	通渝隧道 K21+680 断面	0.271	0.344	0.000	0.001	Ⅱ	Ⅰ	Ⅱ	Ⅱ
28	江边水电站引 5+486	0.784	0.055	0.000	0.000	Ⅰ	Ⅰ	Ⅰ	Ⅰ
29	江边水电站引 7+366	0.652	0.110	0.000	0.000	Ⅰ	Ⅰ	Ⅰ	Ⅰ
30	江边水电站引 7+790	0.000	0.000	0.010	0.186	Ⅳ	Ⅳ	Ⅲ	Ⅳ
31	江边水电站引 7+806	0.755	0.076	0.003	0.000	Ⅰ	Ⅰ	Ⅱ	Ⅱ
32	锦屏二级电站 1+731	0.428	0.540	0.000	0.000	Ⅱ	Ⅱ	Ⅱ	Ⅱ
33	锦屏二级电站 3+390	0.393	0.113	0.513	0.000	Ⅲ	Ⅲ	Ⅲ	Ⅲ

续表 3-8

序号	工程名称	RF-AHP-CM 模型综合确定度				RF-AHP-CM 预测	AHP-CM 预测	FCM-RS-CM 预测	实际等级
		Ω(Ⅰ)	Ω(Ⅱ)	Ω(Ⅲ)	Ω(Ⅳ)				
34	锦屏二级电站 1+640	0.399	0.519	0.000	0.000	Ⅱ	Ⅱ	Ⅱ	Ⅱ
35	锦屏二级电站 3+000	0.311	0.097	0.535	0.000	Ⅲ	Ⅲ	Ⅲ	Ⅲ
36	程潮铁矿 K8	0.022	0.000	0.002	0.485	Ⅳ	Ⅳ	Ⅳ	Ⅳ
37	程潮铁矿 K9	0.276	0.196	0.102	0.003	Ⅰ	Ⅰ	Ⅰ	Ⅰ
38	程潮铁矿 K10	0.001	0.000	0.003	0.272	Ⅳ	Ⅲ	Ⅳ	Ⅳ
39	程潮铁矿 K11	0.629	0.107	0.012	0.002	Ⅰ	Ⅰ	Ⅰ	Ⅰ
40	程潮铁矿 K12	0.222	0.012	0.557	0.004	Ⅲ	Ⅲ	Ⅲ	Ⅲ
41	程潮铁矿 K13	0.130	0.104	0.002	0.429	Ⅳ	Ⅳ	Ⅳ	Ⅳ
42	苍岭隧道 K97+702~98+152	0.465	0.210	0.087	0.002	Ⅰ	Ⅱ	Ⅰ	Ⅱ
43	苍岭隧道 K98+152~98+637	0.189	0.504	0.075	0.002	Ⅱ	Ⅱ	Ⅱ	Ⅱ
44	苍岭隧道 K98+637~99+638	0.089	0.186	0.163	0.002	Ⅱ	Ⅱ	Ⅲ	Ⅲ
45	苍岭隧道 K99+638~100+892	0.191	0.504	0.078	0.002	Ⅱ	Ⅱ	Ⅱ	Ⅱ
46	苍岭隧道 K100+892~101+386	0.700	0.040	0.126	0.001	Ⅰ	Ⅰ	Ⅰ	Ⅰ
47	冬瓜山矿 K1	0.001	0.000	0.558	0.087	Ⅲ	Ⅲ	Ⅲ	Ⅲ
48	北洺河铁矿 K1	0.052	0.682	0.000	0.000	Ⅱ	Ⅱ	Ⅱ	Ⅰ
49	北洺河铁矿 K2	0.012	0.000	0.008	0.621	Ⅳ	Ⅳ	Ⅲ	Ⅳ
50	北洺河铁矿 K3	0.046	0.078	0.252	0.000	Ⅲ	Ⅲ	Ⅲ	Ⅲ
51	北洺河铁矿 K4	0.621	0.188	0.000	0.000	Ⅰ	Ⅰ	Ⅰ	Ⅰ
52	美国 CAD-A 矿	0.034	0.000	0.183	0.004	Ⅲ	Ⅳ	Ⅲ	Ⅳ
53	美国 CAD-B 矿	0.169	0.208	0.209	0.007	Ⅲ	Ⅲ	Ⅲ	Ⅲ
54	美国 CAD-C 矿	0.061	0.657	0.000	0.003	Ⅱ	Ⅱ	Ⅱ	Ⅱ
55	前苏联 X 矿山	0.197	0.115	0.289	0.002	Ⅲ	Ⅳ	Ⅲ	Ⅲ
56	瑞士布鲁格水电站硐室	0.455	0.357	0.103	0.012	Ⅰ	Ⅰ	Ⅰ	Ⅰ
57	乌兹别克斯坦卡姆奇克隧道	0.062	0.005	0.392	0.004	Ⅲ	Ⅲ	Ⅳ	Ⅳ
58	美国加利纳矿	0.212	0.378	0.061	0.059	Ⅱ	Ⅲ	Ⅲ	Ⅱ
59	重丘山岭某隧道	0.559	0.066	0.000	0.001	Ⅰ	Ⅰ	Ⅰ	Ⅰ
60	中国巴玉隧道	0.016	0.000	0.009	0.120	Ⅳ	Ⅲ	Ⅳ	Ⅳ

RF-AHP-CM 岩爆预测模型判定 60 组预测样本烈度等级的具体计算步骤如下。

步骤①：根据正向高斯云算法，将表 3-6 中各岩爆评价指标对应岩爆级别的上下限值代入式（3-12）~式（3-14）中，得到 4 个岩爆烈度级别的云模型数字特征，然后根据正向高斯云发生器生成各评价指标隶属于各岩爆级别的云模型，如图 3-8（a）~（d）所示。

步骤②：根据式（3-1），代入岩爆预测样本数据计算各评价指标对于各岩爆级别的确定度，结合由 RF-AHP 方法求解的各岩爆评价指标的权重，由式（3-15）计算岩爆预测样本的综合确定度，根据求得的最大综合确定度确定各预测样本属于的岩爆烈度等级。

由表 3-8 可以得出如下结论。

（1）利用 60 组岩爆预测样本测试了 RF-AHP-CM 与 AHP-CM 岩爆预测模型的预测准确率，RF-AHP-CM 岩爆预测模型的预测准确率可达 85%，高于预测准确率为 71.7%的 AHP-CM 岩爆预测模型，如图 3-10 所示。由此说明基于云模型的岩爆预测的核心是指标权重确定，指标权重计算的准确性直接影响最后的岩爆预测结果，同时说明 RF-AHP 岩爆评价指标权重计算方法有效降低了层次分析法中人为主观性的影响，但保留了层次分析法的灵活性，提高了实用性。

（2）如图 3-10 所示，RF-AHP-CM 岩爆预测模型的预测准确率可达 85%，说明其在岩爆预测方面有一定的准确性，高于预测准确率为 81.7%的 FCM-RS-CM 岩爆预测模型。FCM-RS-CM 和 RF-AHP-CM 这两种岩爆预测模型，仅是岩爆评价指标的权重计算方法不同，从预测准确率可看出，RF-AHP-CM 岩爆预测模型高于 FCM-RS-CM 岩爆预测模型，说明 RF-AHP 权重计算方法要优于 FCM-RS 权重计算方法，也进一步证明了基于云模型的岩爆预测关键是指标权重确定。

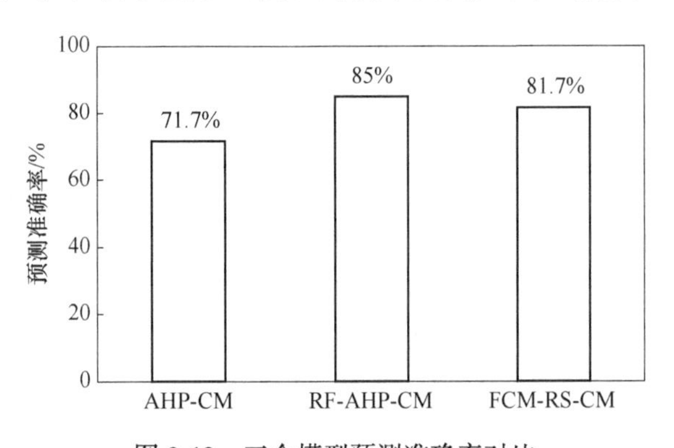

图 3-10 三个模型预测准确率对比

（3）根据综合确定度的大小不仅可以有效地判断岩爆发生的烈度等级，还可以判断可能发生的岩爆烈度等级，这体现了基于云模型的岩爆烈度等级预测的模糊性和不确定性，如序号为 5 的预测样本的综合确定度排序为：Ω(Ⅲ)>Ω(Ⅳ)>Ω(Ⅰ)>Ω(Ⅱ)，无岩爆或轻微岩爆的综合确定度几乎为零，说明该样本至少会发生中级岩爆以上，该预测样本虽然判定为中级岩爆，但是也不排除发生强烈岩爆的可能。而对于序号为 18 的预测样本的综合确定度排序为：Ω(Ⅳ)>Ω(Ⅰ)>

Ω(Ⅲ)>Ω(Ⅱ)，由发生强烈岩爆的综合确定度与其他三个级别相比结果可知，可以认为该样本发生强烈岩爆的可能性最大，几乎不存在其他岩爆形式。

3.5 本章小结

本章采用机器学习技术，建立了基于随机森林的岩爆评价指标重要性分析模型，在对岩爆评价指标的重要性进行客观量化分析基础上，构建了 RF-AHP 指标权重计算方法；结合不确定性人工智能方法—云模型，提出了 RF-AHP-CM 岩爆预测模型；通过模型有效性验证，评估了 RF-AHP-CM 岩爆预测模型的准确性和实用性，进一步验证了 RF-AHP 指标权重计算方法的合理性。

（1）阐述了高斯云的定义与数字特征，正向高斯云算法，决策树学习以及随机森林的构建。

（2）首先建立了基于随机森林的岩爆评价指标重要性分析模型，求解出了 4 个岩爆评价指标的重要性分数，即 σ_θ 重要性分数最高，其次是 σ_t，σ_c 和 W_{et} 位列后两位；其次，根据基于随机森林的岩爆评价指标重要性分析模型求解结果，构造了层次分析法中的分析矩阵，优化了层次分析法，构建了 RF-AHP 指标权重计算方法；最后，结合云模型，构建了 RF-AHP-CM 岩爆预测模型，先采用 RF-AHP 方法确定指标权重，再根据云模型计算确定度，由综合确定度最大值所对应的岩爆等级来确定样本所属岩爆烈度等级。

（3）对 60 组岩爆工程实例进行岩爆烈度等级预测，RF-AHP-CM 岩爆预测模型的预测准确率可达 85%，且优于 71.7%的 AHP-CM 岩爆预测模型和 81.7%的 FCM-RS-CM 岩爆预测模型，有效地判定了预测样本的岩爆烈度等级。同时，也验证了作为 RF-AHP-CM 岩爆预测模型核心的 RF-AHP 指标权重计算方法的合理性。

（4）RF-AHP-CM 岩爆预测模型综合考虑了岩爆评价指标实测值的随机性和岩爆烈度等级标准划分的模糊性，反映了岩爆预测过程中的不确定性，不仅可以有效地判断主要发生的岩爆烈度等级，而且可以判断可能发生的岩爆烈度等级，有效地解决了具有不确定性、随机性和模糊性的岩爆预测问题。

（5）RF-AHP-CM 岩爆预测模型属于基于岩爆指标判据的综合预测方法，这类方法的关键是各指标权重的确定，指标权重确定的合理性是岩爆预测结果具备可信度的关键。本章只是将随机森林与层次分析法结合进行了初步研究，RF-AHP 指标权重计算方法中的人为主观性并不能完全消除，灵活性和实用性改进潜力较小。针对岩爆预测中的指标权重计算，或是提出新方法，又或是考虑如何避开指标权重确定直接进行岩爆预测，这成为后面研究的方向。

4 基于改进萤火虫算法优化支持向量机的岩爆预测模型研究

第3章从考虑岩爆预测问题具有不确定性、随机性和模糊性的角度，将随机森林与层次分析法结合，构建了RF-AHP指标权重计算方法，有效降低了指标权重确定中人为主观性的影响，进而提高了RF-AHP-CM岩爆预测模型的准确性和实用性，但是指标权重确定中人为主观性并不能完全消除，灵活性和实用性改进潜力较小。

为了继续提高岩爆预测模型的准确性和实用性，考虑避开指标权重确定，直接进行岩爆预测，而支持向量机可以避开指标权重确定，直接学习岩爆工程实例数据，建立岩爆评价指标与岩爆烈度等级之间的非线性映射关系，进而实现岩爆烈度等级预测。2002年，冯夏庭[106]运用支持向量机（SVM）理论分别以隧道、VCR采场和碳化采场建立了3个SVM岩爆预测模型。之后，祝云华[107]、李宁[109]、WU S C[111]分别建立了基于改进支持向量机（ν-SVR）的岩爆预测模型、粗糙集和粒子群支持向量机（RS-PSOSVM）的岩爆预测模型、最小二乘支持向量机（LSSVM）的岩爆预测模型；ZHOU J[108]对比了粒子群算法优化支持向量机（PSO-SVM）、遗传算法优化支持向量机（GA-SVM）和网格搜索法优化支持向量机（GSM-SVM）3个岩爆预测模型；PU Y Y[110]基于246组岩爆案例数据，采用支持向量分类器（SVC）对钻石矿中发生在金伯利岩中的岩爆进行了预测。本书建立的岩爆烈度等级预测数据库虽是目前包含岩爆工程实例较多的，但仍然十分有限，支持向量机可有效地解决有限样本条件下的非线性的岩爆预测问题。

针对岩爆预测数据的有限性、非线性等特征，本章采用基于佳点集变步长策略的萤火虫算法，优化支持向量机的惩罚参数C和径向基函数参数g，构建基于改进萤火虫算法优化支持向量机（IGSO-SVM）的岩爆烈度等级预测模型，通过模型有效性验证，评估IGSO-SVM岩爆预测模型的准确性和实用性。

4.1 改进萤火虫算法优化支持向量机的理论依据

支持向量机（Support vector machine，SVM）是基于VC理论（Vapnik-chervonenkis）的机器学习方法，由VAPNIK V N和他在AT&T贝尔实验室的合作

者提出[106]。支持向量机以统计学理论为基础，具有严格的理论和数学基础，间隔最大化是其学习策略[196]。

4.1.1 间隔与支持向量

给定训练数据集 $T=\{(x_1, y_1), (x_2, y_2), \cdots, (x_N, y_N)\}$，其中 $x_i \in X=\mathbf{R}^n$，$y_i \in Y=\{-1, +1\}$，$i=1, 2, \cdots, N$，最基本的想法是找到一个超平面，将训练样本集中的样本按类别分开，如图 4-1 所示。在样本空间中划分超平面通过式（4-1）描述：

$$w^{\mathrm{T}} \cdot x + b = 0 \tag{4-1}$$

式中 w——法向量；

b——位移项。

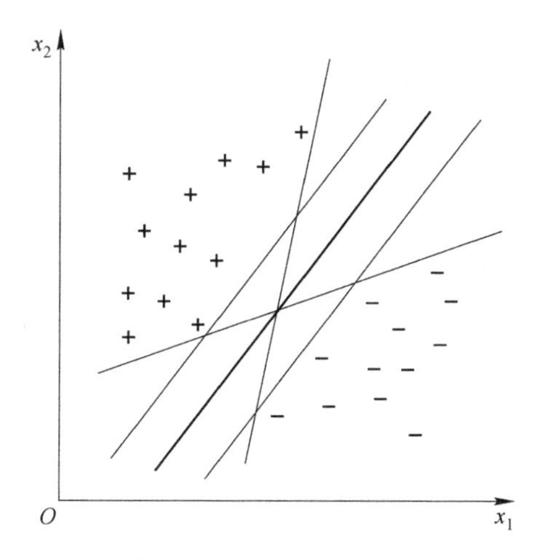

图 4-1 超平面划分训练集

训练数据集 T 中每个样本到超平面的距离为：

$$\gamma = \frac{|w^{\mathrm{T}} \cdot x + b|}{\| w \|} \tag{4-2}$$

定义间隔（Margin）为训练数据集 T 中所有样本到超平面的最短距离：

$$\gamma = \frac{2}{\| w \|} \tag{4-3}$$

最大间隔就是找到 w 和 b，使得 γ 最大，即：

$$\min_{w, b} \frac{1}{2} \| w \|^2 \tag{4-4}$$

$$\text{s.t. } y_i(w^{\mathrm{T}} \cdot x_i + b) \geqslant 1 \tag{4-5}$$

如图 4-2 所示，对于训练数据集 T，最大间隔的超平面是唯一的，距离最大间隔超平面最近的这几个样本点称为支持向量（Support vector）[196]。

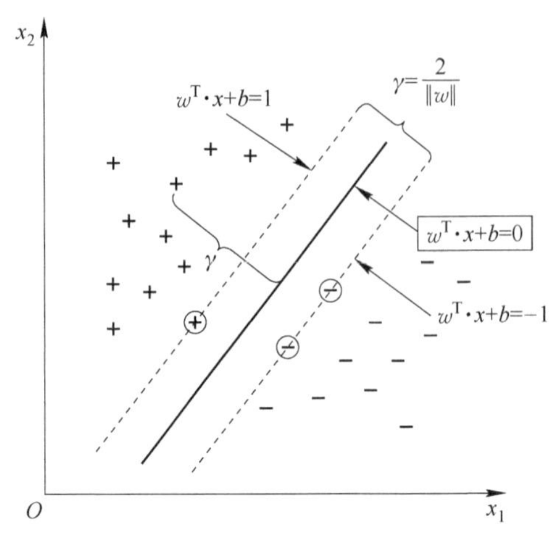

图 4-2　支持向量与间隔

4.1.2　支持向量机模型

支持向量机包括线性可分支持向量机、线性支持向量机和非线性支持向量机3个由简至繁的模型[186]。

4.1.2.1　线性可分支持向量机

对于线性可分的样本数据集，采用硬间隔最大化，或者求解相对应的凸二次规划，得到的分离超平面为：

$$w^{T} \cdot x + b = 0 \tag{4-6}$$

相应的分类决策函数为：

$$f(x) = \mathrm{sign}(w^{T} \cdot x + b) \tag{4-7}$$

对于样本数据集 T 和超平面（w，b），若超平面（w，b）关于数据集 T 中样本点（x_i，y_i）的函数间隔为：

$$\hat{\gamma}_i = y_i(w^{T} \cdot x_i + b) \tag{4-8}$$

则超平面（w，b）关于数据集 T 中所有样本点（x_i，y_i）的函数间隔的最小值为样本数据集 T 的函数间隔：

$$\hat{\gamma} = \min_{i=1,\cdots,N} \hat{\gamma}_i \tag{4-9}$$

同样，对于样本数据集 T 和超平面（w，b），若超平面（w，b）关于数据集 T 中样本点（x_i，y_i）的几何间隔为：

$$\gamma_i = y_i\left(\frac{w}{\| w \|} \cdot x_i + \frac{b}{\| w \|}\right) \tag{4-10}$$

则超平面（w，b）关于数据集 T 中所有样本点（x_i，y_i）的几何间隔的最小值为样本数据集的几何间隔：

$$\gamma = \min_{i=1,\cdots,N} \gamma_i \tag{4-11}$$

线性可分支持向量机学习算法的具体步骤如下。

输入：线性可分的样本数据集 $T = \{(x_1, y_1), (x_2, y_2), \cdots, (x_N, y_N)\}$，其中 $x_i \in X = \mathbf{R}^n$，$y_i \in Y = \{-1, +1\}$，$i = 1, 2, \cdots, N$。

输出：分离超平面、分类决策函数。

步骤①：构造并求解约束最优化问题。

$$\min_{a} \frac{1}{2} \sum_{i=1}^{N} \sum_{j=1}^{N} \alpha_i \alpha_j y_i y_j (x_i \cdot x_j) - \sum_{i=1}^{N} \alpha_i \tag{4-12}$$

$$\text{s. t.} \sum_{i=1}^{N} \alpha_i y_i = 0 \tag{4-13}$$

式中，$\alpha_i \geqslant 0$，$i = 1, 2, \cdots, N$，最优解为：$\alpha^* = (\alpha_1^*, \alpha_2^*, \cdots, \alpha_N^*)$。

步骤②：计算。

$$w^* = \sum_{i=1}^{N} \alpha_i^* y_i x_i \tag{4-14}$$

并选择 α^* 的一个正分量，满足条件 $\alpha_j^* > 0$，计算：

$$b^* = y_j - \sum_{i=1}^{N} \alpha_i^* y_i (x_i \cdot x_j) \tag{4-15}$$

步骤③：最后得到分离超平面：$w^{\mathrm{T}} \cdot x + b = 0$。

分类决策函数：$f(x) = \mathrm{sign}(w^{\mathrm{T}} \cdot x + b)$。

4.1.2.2 线性支持向量机

线性支持向量机学习算法的具体步骤如下。

输入：近似线性可分的样本数据集 $T = \{(x_1, y_1), (x_2, y_2), \cdots, (x_N, y_N)\}$，其中 $x_i \in X = \mathbf{R}^n$，$y_i \in Y = \{-1, +1\}$，$i = 1, 2, \cdots, N$。

输出：分离超平面、分类决策函数。

步骤①：选择惩罚参数 $C > 0$，构造并求解凸二次规划问题。

$$\min_{a} \frac{1}{2} \sum_{i=1}^{N} \sum_{j=1}^{N} \alpha_i \alpha_j y_i y_j (x_i \cdot x_j) - \sum_{i=1}^{N} \alpha_i \tag{4-16}$$

$$\text{s. t.} \sum_{i=1}^{N} \alpha_i y_i = 0 \tag{4-17}$$

式中，$0 \leqslant \alpha_i \leqslant C$，$i = 1, 2, \cdots, N$，最优解为：$\alpha^* = (\alpha_1^*, \alpha_2^*, \cdots, \alpha_N^*)^{\mathrm{T}}$。

步骤②：计算。

$$w^* = \sum_{i=1}^{N} \alpha_i^* y_i x_i \tag{4-18}$$

并选择 α^* 的一个正分量 α_j^*，满足条件 $0 < \alpha_j^* < C$，计算：

$$b^* = y_j - \sum_{i=1}^{N} \alpha_i^* y_i (x_i \cdot x_j) \tag{4-19}$$

步骤③：最后得到分离超平面：$w^T \cdot x + b = 0$。

分类决策函数：$f(x) = \text{sign}(w^{\mathrm{T}} \cdot x + b)$。

4.1.2.3 非线性支持向量机

对于线性不可分的样本数据集，采用核技巧（Kernel trick）及软间隔最大化，得到的分类决策函数为：

$$f(x) = \text{sign}\left(\sum_{i=1}^{N} \alpha_i^* y_i K(x, x_i) + b^*\right) \tag{4-20}$$

非线性支持向量机学习算法的具体步骤如下。

输入：样本数据集 $T = \{(x_1, y_1), (x_2, y_2), \cdots, (x_N, y_N)\}$，其中 $x_i \in X = \mathbf{R}^n$，$y_i \in Y = \{-1, +1\}$，$i = 1, 2, \cdots, N$。

输出：分类决策函数。

步骤①：选择核函数 $K(x, z)$，惩罚参数 C，构造并求解最优化问题。

$$\min_{a} \frac{1}{2} \sum_{i=1}^{N} \sum_{j=1}^{N} \alpha_i \alpha_j y_i y_j K(x_i, x_j) - \sum_{i=1}^{N} \alpha_i \tag{4-21}$$

$$\text{s.t.} \sum_{i=1}^{N} \alpha_i y_i = 0 \tag{4-22}$$

式中，$0 \leqslant \alpha_i \leqslant C$，$i = 1, 2, \cdots, N$，最优解为：$\alpha^* = (\alpha_1^*, \alpha_2^*, \cdots, \alpha_N^*)^{\mathrm{T}}$。

步骤②：选择 α^* 的一个正分量 α_j^*，满足条件 $0 < \alpha_j^* < C$，计算：

$$b^* = y_j - \sum_{i=1}^{N} \alpha_i^* y_i K(x_i, x_j) \tag{4-23}$$

步骤③：最后得到分类决策函数：$f(x) = \text{sign}\left(\sum_{i=1}^{n} \alpha_i^* y_i K(x, x_i) + b^*\right)$。

4.1.3 核函数

对于非线性问题，可将样本从原始空间映射到更高维的特征空间，使得样本数据线性可分，如图 4-3 所示。

设 X 是输入空间（欧氏空间 $\mathbf{R}^n$ 的子集或离散集合），H 为特征空间（希尔伯特空间），若存在一个从 X 到 H 的映射：

$$\phi(x): x \to H \tag{4-24}$$

使对所有 $x, z \in X$，函数 $K(x, z)$ 满足条件：

$$K(x, z) = \phi(x) \cdot \phi(z) \tag{4-25}$$

称 $K(x, z)$ 为核函数，$\phi(x)$ 为映射函数，$\phi(x) \cdot \phi(z)$ 为 $\phi(x)$ 和 $\phi(z)$ 的内积。

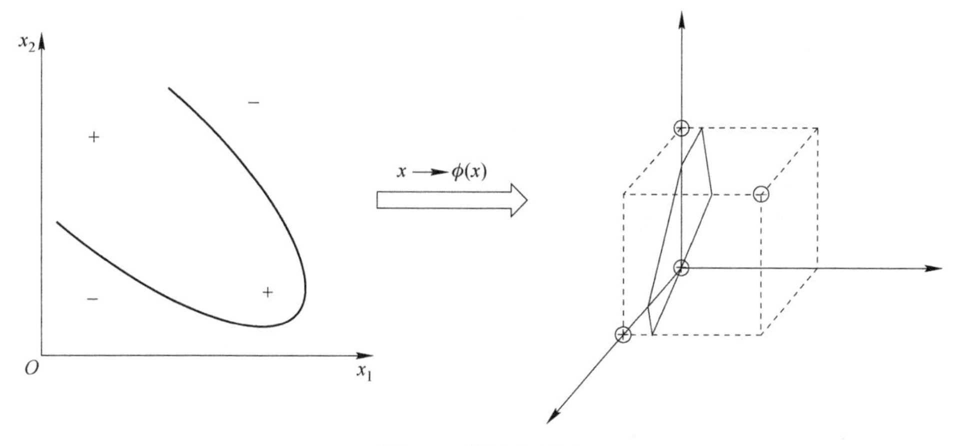

图 4-3 非线性映射

常用的核函数如下：

（1）多项式函数（Polynomial kernel function）：

$$K(x,\ z) = (x \cdot z + 1)^p \tag{4-26}$$

对应的支持向量机是一个 p 次多项式分类器，此时分类决策函数为：

$$f(x) = \mathrm{sign}\left(\sum_{i=1}^{N_s} \alpha_i^* y_i (x_i \cdot x + 1)^p + b^* \right) \tag{4-27}$$

（2）高斯核函数（Gaussian kernel function），又称径向基核函数（RBF）：

$$K(x,\ x_i) = \exp\left(- \frac{\| x - x_i \|^2}{2g^2} \right) \tag{4-28}$$

对应的支持向量机是高斯径向基函数分类器，此时分类决策函数为：

$$f(x) = \mathrm{sign}\left[\sum_{i=1}^{N_s} \alpha_i^* y_i \exp\left(- \frac{\| x - x_i \|^2}{2g^2} \right) + b^* \right] \tag{4-29}$$

（3）拉普拉斯核函数：

$$K(x,\ x_i) = \exp\left(- \frac{\| x - x_i \|}{\sigma} \right) \tag{4-30}$$

（4）Sigmoid 核函数：

$$K(x,\ x_i) = \tanh(k(x \cdot x_i) + \theta) \tag{4-31}$$

4.2 基于改进萤火虫算法优化支持向量机的岩爆预测模型

岩爆烈度等级预测是一个复杂的非线性问题，因此，本章研究选择非线性支持向量机。作为支持向量机核心的核函数，选择是否合理，直接影响模型执行时间和最终预测结果的精度。考虑到径向基函数（RBF）具有收敛域较宽、适用范围较广的特点，且仅有一个参数 g，核函数选择目前应用多且优的径向基函数。基于支持向量机的岩爆烈度等级预测模型需要确定的两个参数就是惩罚参数 C 和径向基函数参数 g，确定最佳参数 C 和 g 的值就是一个最优化问题。

最优化问题是指在满足规定的约束条件下，寻找一组决策变量值，使得所求解问题的目标函数值达到最佳。群智能优化算法为最优化问题求解提供了一种新途径，目前主要的群智能算法有：粒子群算法（Particle swarm optimization，PSO）、蚁群算法（Ant colony optimization，ACO）、人工蜂群算法（Artificial bee colony，ABC）、人工鱼群算法（Artificial fish swarm，AFS）、猫群算法（Cat swarm optimization，CSO）、细菌觅食算法（Bacteria foraging optimization，BFO）、布谷鸟算法（Cuckoo search，CS）、蝙蝠算法（Bat algorithm，BA）以及萤火虫算法（Glowworm swarm optimization，GSO）等[204]。

萤火虫算法（Glowworm swarm optimization，GSO）相比传统群智能优化算法（如粒子群算法、遗传算法），收敛速度更快，精度更高，适用于对时效性有较高要求的岩爆预测问题，因此，本章采用萤火虫算法确定最佳参数 C 和 g 的值。

萤火虫算法的仿生思想[204]为：自然界中萤火虫群中的个体通过发光（携带荧光素）来吸引伴侣求偶或觅食，越亮的萤火虫，其具有较强的吸引力。最终，大部分萤火虫聚集到最亮的萤火虫所处的位置上。荧光素会随着时间一定程度上衰减，即亮度会降低。因此，在优化问题的求解空间中每只萤火虫代表了一个可行解，这些萤火虫各自带有荧光素，各自拥有感知半径，它们亮度与所在位置的目标值有关，亮度更大的萤火虫拥有更优的上目标函数值。在迭代过程中，更亮的萤火虫具有更强的吸引能力，从而吸引其他萤火虫向它移动，最终，大部分萤火虫个体都聚集在目标函数值全局最优的个体位置附近，从而获得全局最优值。

对任何一种群智能算法而言，没有完美的最佳算法存在，不同的应用领域，不同的分析角度，使得每种算法都既有优越性，又有劣根性。对萤火虫算法也一样，必须做相应的优化，才能达到最佳的性能。针对岩爆预测数据的有限性、非线性等特征，本章采用基于佳点集变步长策略的萤火虫算法[204]（Improved glowworm swarm optimization，IGSO）确定最佳惩罚参数 C 和径向基函数参数 g 的值，由此构建 IGSO-SVM 岩爆预测模型。

4.2.1 基本的萤火虫算法

萤火虫算法是借鉴了萤火虫通过发光传递信息的特性，模拟其觅食与求偶行为。目前，关于萤火虫算法的提出有两种版本：一种是 KRISHNANAND K N[205]在 2005 年提出的 GSO 算法；另一种是 YANG X S[206]在 2008 年提出的 FA 算法（Firefly algorithm，FA）。本章采用应用最广泛的 GSO 算法[207]。萤火虫算法的迭代过程完全受自然界萤火虫的行为特性启发，设种群中萤火虫的总个数为 n，萤

火虫个体 i 的状态向量为 $x_i = (x_{i1}, x_{i2}, \cdots, x_{in})$，萤火虫 i 与 j 之间的距离为 d_{ij}，算法的最大迭代次数为 $N_{\max}$。基本的萤火虫算法[204]可分为如下 4 个步骤。

步骤①：更新荧光素。

$$l_i(t) = (1-\rho)l_i(t-1) + \gamma J(x_i(t)) \tag{4-32}$$

式中 $l_i(t)$ ——迭代次数为 t 时萤火虫 i 的荧光素值；

$J(x_i(t))$ ——迭代次数为 t 时的目标函数值；

γ——荧光素更新率；

ρ——荧光素挥发系数。

步骤②：选择移动对象。

$$N_i(t) = \{j: \| x_j(t) - x_i(t) \| < r_{\mathrm{d}}^i(t);\ l_i(t) < l_j(t)\} \tag{4-33}$$

$$P_{ij}(t) = \frac{l_j(t) - l_i(t)}{\sum\limits_{k \in N_i(t)} l_k(t) - l_i(t)} \tag{4-34}$$

依据式（4-33），找出在决策域 $r_{\mathrm{d}}^i(t)$ 内，比第 i 个荧光素更大的所有萤火虫，组成领域集 $N_i(t)$，然后依据式（4-34），分别计算出第 i 个萤火虫转向领域集 $N_i(t)$ 中其他萤火虫的转移概率 $P_{ij}(t)$。

步骤③：更新位置。

$$x_i(t+1) = x_i(t) + s\left(\frac{x_j(t) - x_i(t)}{\| x_j(t) - x_i(t) \|}\right) \tag{4-35}$$

式中 s——初始步长。

步骤④：更新动态决策域。

$$r_{\mathrm{d}}^i(t+1) = \min\{r_{\mathrm{s}},\ \max\{0,\ r_{\mathrm{d}}^i(t) + \beta(n_t - |N_i(t)|)\}\} \tag{4-36}$$

式中 β——感知半径变化系数；

n_t——领域萤火虫个数阈值；

r_{s}——感知半径。

4.2.2 改进的萤火虫算法

针对随机初始种群，导致萤火虫算法存在计算精度低、收敛速度慢、计算稳定性差的问题，基于佳点集变步长策略的萤火虫算法[204]改进为均匀分布初始种群，佳点指数序列要比随机方法取点均匀，且丰富多样。

同时，基于佳点集变步长策略的萤火虫算法还采用惯性权重函数动态更新步长，进一步提高了算法精度、收敛速度和稳定性[207]。

4.2.2.1 基于佳点集理论初始种群

设 n 为初始种群规模，在 m 维空间中，选取含 n 个点佳点集的方法为：在 m 维空间，生成含 n 个佳点：$P_n(i) = \{(\{r_1 * i\}, \{r_2 * i\}, \cdots, \{r_m * i\}), i = 1,$

2，…，$n\}$，实际使用时常选择以下三种方法[208]：

（1）指数序列方法：

$$r_k = \mathrm{e}^k \tag{4-37}$$

式中，$1 \leqslant k \leqslant m$。

（2）平方根序列方法：

$$r_k = \sqrt{p_k} \tag{4-38}$$

式中，$1 \leqslant k \leqslant m$，$p_k$ 为互不相等的素数。

（3）分圆域方法：

$$r_k = \frac{2\cos 2\pi k}{p} \tag{4-39}$$

式中，$1 \leqslant k \leqslant m$，$p$ 是满足条件 $\frac{p-3}{2} > m$ 的最小素数。

4.2.2.2 变步长策略

设萤火虫位移惯性权重函数为：

$$w(t) = a \cdot \mathrm{arccot}(t) \tag{4-40}$$

式中 a——常系数。

因此，第 i 个萤火虫的位置更新按照式（4-41）更新：

$$x_i(t+1) = x_i(t) + w(t) \cdot s\left(\frac{x_j(t) - x_i(t)}{\| x_j(t) - x_i(t) \|}\right) \tag{4-41}$$

4.2.2.3 改进的萤火虫算法

设优化问题为 $\max f(x)$ 或 $\min f(x)$，s. t. $x \in S$。

适应度评价函数为 $f(x)$，搜索空间为 $S = \prod_{i=1}^{n}[a_i, b_i]$，$t$ 时刻第 i 个萤火虫的位置为 $x_i(t) = [x_i^{(1)}(t), x_i^{(2)}(t), \cdots, x_i^{(m)}(t)]$，且 $a_i < b_i$，萤火虫感知半径为 r_s，t 时刻第 i 个萤火虫的动态决策范围为 $r_d^i(t)$，且 $0 < r_d^i(t) < r_s$，种群规模为 n，算法最大迭代次数为 N_{max}。

基于佳点集变步长策略的萤火虫算法可分为如下 6 个步骤。

步骤①：参数初始化：种群规模 n，搜索空间维数 m，初始荧光素 l_0，感知半径 r_s，初始步长 s，荧光素挥发系数 ρ，荧光素更新率 γ，算法的最大迭代次数 N_{max}，迭代初始值 $t=1$；

步骤②：基于佳点集方法，在 m 维空间，均匀生成 n 个佳点，初始种群规模为 n；

步骤③：对萤火虫编码进行解码，计算适应度函数值，更新每个萤火虫在第 t 代的荧光素值；

步骤④：计算领域集 $N_i(t)$，计算转移概率 $P_{ij}(t)$，目标对象选择采用轮盘赌方法，位置更新采用萤火虫移动自适应步长策略；

步骤⑤：更新萤火虫动态感知半径 $r'_{d}(t)$；

步骤⑥：当达到最大迭代次数 N_{max}时，输出结果，算法结束；否则，令 $t = t+1$，转向步骤③。

基于佳点集变步长策略的萤火虫算法流程如图 4-4 所示。

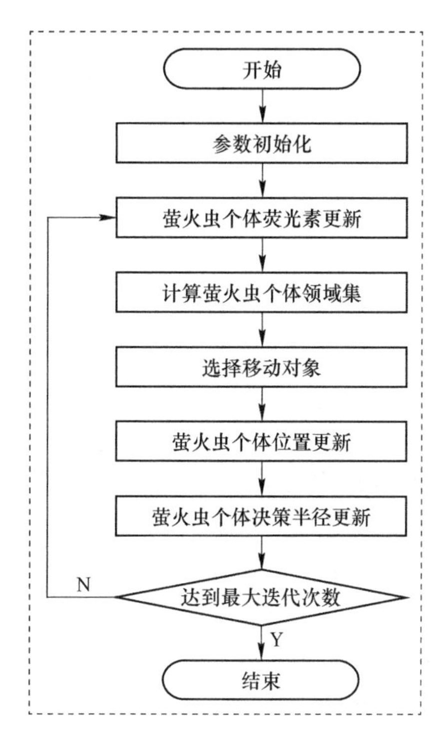

图 4-4 基于佳点集变步长策略的萤火虫算法流程

4.2.3 岩爆烈度等级预测模型构建

基于支持向量机的岩爆烈度等级预测是一个多类分类问题，目前，对于多类分类问题最典型的方法是 1-v-r 方法，就是将多类分类看作是一组二值分类，建立多个二值分类器[209]。

如图 4-5 所示，因岩爆烈度分为 4 级，所以需要构造 4 个分类器，每个分类器对应一个岩爆烈度等级。第 j 个分类器，就是将第 j 类样本从其他 3 个类别中分离出的一个二值分类器，构造第 j 个分类器时，将属于第 j 类样本标记为+1，不属于第 j 类样本标记为−1。根据这 4 个分类器的训练结果测试岩爆预测样本，每个样本都有一个结果 f_1，f_2，f_3，f_4，这 4 个值中取+1 的是预测样本所属岩爆烈度等级。

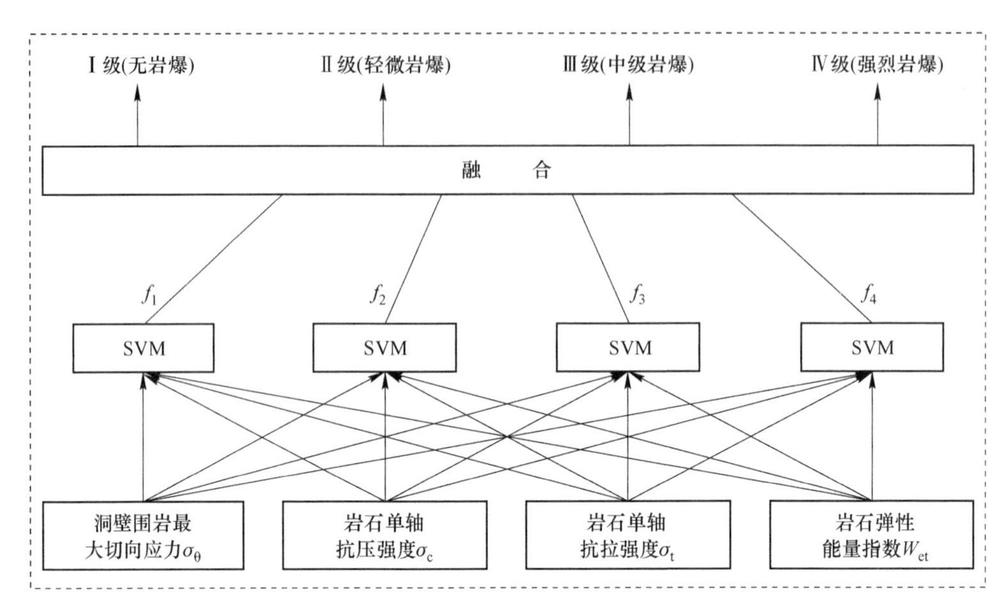

图 4-5 岩爆多类分类法

基于 IGSO-SVM 的岩爆烈度等级预测模型的具体计算步骤如下[207]。

步骤①：对萤火虫个体采用十进制编码，将惩罚参数 C 和径向基函数参数 g 作为整体进行编码，每一个萤火虫个体都包含 C 和 g；

步骤②：参数初始化，采用 IGSO 算法生成规模为 n 的初始种群，初始荧光素 l_0，感知半径 r_s，初始步长 s，荧光素挥发系数 ρ，荧光素更新率 γ，算法的最大迭代次数 N_{max}，迭代初始值 $t=1$；

步骤③：对萤火虫编码进行解码，生成支持向量机的参数值，训练得到误差函数作为萤火虫个体的适应度函数值，更新每个萤火虫在第 t 代的荧光素值；

步骤④：计算领域集 $N_i(t)$，计算转移概率 $P_{ij}(t)$，目标对象选择采用轮盘赌方法，位置更新采用萤火虫移动自适应步长策略；

步骤⑤：更新萤火虫动态感知半径 $r_d^i(t)$；

步骤⑥：当算法达到最大迭代次数 N_{max}时，得到最佳 C 和 g 的值，并将其赋予支持向量机进行预测，输出结果，算法结束；

否则，令 $t=t+1$，转向步骤③。

基于 IGSO-SVM 的岩爆烈度等级预测模型的计算流程如图 4-6 所示。

4.2.4 岩爆样本数据准备

（1）数据集划分。考虑到岩爆工程实例数据量还十分有限，参照机器学习领域常用的数据集划分方法[224]，即训练集、测试集按照 8 : 2 划分，测试集为

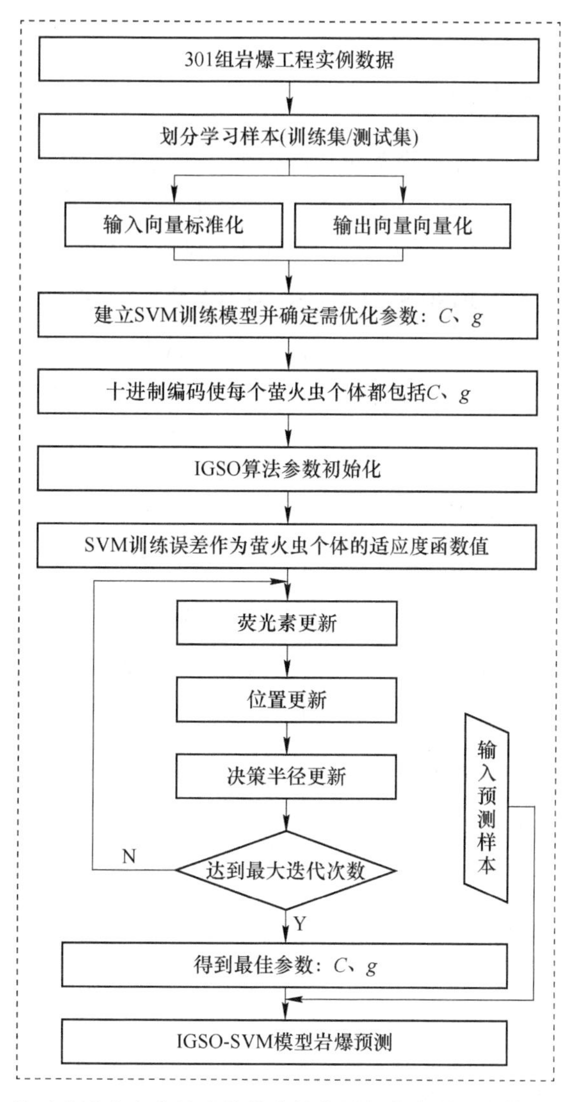

图 4-6　基于改进萤火虫算法优化支持向量机的岩爆烈度等级预测流程

60 组，与 3.4 节模型有效性验证中抽取的岩爆预测样本完全一致，剩余的 241 组作为训练集。

（2）数据集标准化和向量化。采用 Z-score 方法[196]对数据集中各岩爆评价指标值进行标准化。

每个样本为一个 8 维向量，前 4 个分量为 σ_θ、σ_c、σ_t 和 W_{et}，分别用 C_1、C_2、C_3、C_4 表示；后 4 个分量为样本是否属于某一岩爆烈度等级，用向量 D 表示，其中输出（+1，−1，−1，−1）表示为无岩爆，输出（−1，+1，−1，−1）表示为轻微岩爆，输出（−1，−1，+1，−1）表示为中级岩爆，输出（−1，−1，

-1，+1）表示为强烈岩爆。

4.2.5 模型主要参数及实现

基于 IGSO-SVM 的岩爆烈度等级预测模型主要参数如表 4-1 所示，该模型是在基于 Python3.7 的 Anaconda+PyCharm 平台上开发计算程序实现。表 4-1 还同时列出了基于 GSO-SVM 的岩爆烈度等级预测模型的主要参数。

表 4-1 IGSO-SVM 和 GSO-SVM 岩爆预测模型参数

序号	参数名称	IGSO-SVM 模型	GSO-SVM 模型
1	学习样本数、属性数、类别数	241、4、4	241、4、4
2	荧光素挥发系数	$\rho = 0.4$	$\rho = 0.4$
3	荧光素更新率	$\gamma = 0.6$	$\gamma = 0.6$
4	感知半径变化系数	$\beta = 0.08$	$\beta = 0.08$
5	感知半径	$r_s = 280.048$	$r_s = 280.048$
6	初始决策域半径	$r_d = 280.048$	$r_d = 280.048$
7	领域萤火虫个数阈值	$n_t = 10$	$n_t = 10$
8	初始荧光素	$l_0 = 5$	$l_0 = 5$
9	初始步长	$s = 5$	$s = 0.05$
10	变步长系数	$a = 3$	
11	种群规模	$n = 100$	$n = 100$
12	最大迭代次数	$N_{max} = 200$	$N_{max} = 200$
13	核函数	RBF	RBF
14	C 值搜索范围	$C \in [0.1, 100]$	$C \in [0.1, 100]$
15	g 值搜索范围	$g \in [0.01, 1000]$	$g \in [0.01, 1000]$

4.3 模型有效性验证

针对 60 组岩爆预测样本，对比分析 GSO-SVM 与 IGSO-SVM 岩爆预测模型的岩爆烈度等级预测结果，比较萤火虫算法改进前后模型的预测效果，验证 IGSO-SVM 岩爆预测模型的准确性和实用性，如表 4-2 所示。采用预测准确率指标验证 IGSO-SVM 岩爆预测模型的有效性，具体原因如 3.4 节所述。

表 4-2 岩爆预测结果

序号	工程名称	IGSO-SVM 模型输出				IGSO-SVM 预测	GSO-SVM 预测	实际等级
		f_1	f_2	f_3	f_4			
1	天生桥二级水电站隧洞	−1	−1	+1	−1	Ⅲ	Ⅲ	Ⅲ
2	二滩水电站 2 号支洞	−1	+1	−1	−1	Ⅱ	Ⅱ	Ⅱ
3	龙羊峡水电站地下硐室	+1	−1	−1	−1	Ⅰ	Ⅰ	Ⅰ
4	鲁布革水电站地下硐室	+1	−1	−1	−1	Ⅰ	Ⅰ	Ⅰ
5	渔子溪水电站引水隧洞	−1	−1	+1	−1	Ⅲ	Ⅳ	Ⅲ
6	太平驿水电站地下硐室	−1	+1	−1	−1	Ⅱ	Ⅱ	Ⅱ
7	李家峡水电站地下硐室	+1	−1	−1	−1	Ⅰ	Ⅰ	Ⅰ
8	瀑布沟水电站地下硐室	−1	+1	−1	−1	Ⅱ	Ⅱ	Ⅲ
9	锦屏二级水电站引水隧洞	−1	−1	+1	−1	Ⅲ	Ⅲ	Ⅲ
10	拉西瓦水电站地下厂房	−1	−1	+1	−1	Ⅲ	Ⅲ	Ⅲ
11	挪威 Sima 水电站厂房	−1	−1	+1	−1	Ⅲ	Ⅲ	Ⅲ
12	挪威 Heggura 公路隧道	−1	−1	+1	−1	Ⅲ	Ⅱ	Ⅲ
13	挪威 Sewage 隧道	−1	−1	+1	−1	Ⅲ	Ⅲ	Ⅲ
14	瑞典 Forsmark 核电站隧洞	−1	−1	+1	−1	Ⅲ	Ⅲ	Ⅲ
15	瑞典 Vietas 水电站隧洞	−1	+1	−1	−1	Ⅱ	Ⅰ	Ⅱ
16	前苏联 Rasvumchorr 井巷	−1	−1	+1	−1	Ⅲ	Ⅲ	Ⅲ
17	日本关越隧道	−1	−1	+1	−1	Ⅲ	Ⅲ	Ⅲ
18	意大利 Raibl 铅锌矿井巷	−1	−1	−1	+1	Ⅳ	Ⅳ	Ⅳ
19	秦岭隧道 DyK77+176	−1	−1	+1	−1	Ⅲ	Ⅲ	Ⅲ
20	秦岭隧道 DyK72+440	−1	−1	−1	+1	Ⅳ	Ⅳ	Ⅳ
21	秦岭隧道某段一	−1	−1	+1	−1	Ⅲ	Ⅲ	Ⅲ
22	秦岭隧道某段二	−1	−1	−1	+1	Ⅳ	Ⅲ	Ⅲ
23	括苍山隧道	−1	+1	−1	−1	Ⅱ	Ⅱ	Ⅱ
24	通渝隧道 K21+720 断面	−1	+1	−1	−1	Ⅱ	Ⅱ	Ⅱ
25	通渝隧道 K21+212 断面	−1	+1	−1	−1	Ⅱ	Ⅱ	Ⅱ
26	通渝隧道 K21+740 断面	−1	+1	−1	−1	Ⅱ	Ⅱ	Ⅱ
27	通渝隧道 K21+680 断面	−1	+1	−1	−1	Ⅱ	Ⅱ	Ⅱ
28	江边水电站引 5+486	+1	−1	−1	−1	Ⅰ	Ⅰ	Ⅰ
29	江边水电站引 7+366	+1	−1	−1	−1	Ⅰ	Ⅰ	Ⅰ
30	江边水电站引 7+790	−1	−1	+1	−1	Ⅲ	Ⅲ	Ⅳ
31	江边水电站引 7+806	−1	+1	−1	−1	Ⅱ	Ⅱ	Ⅱ

续表 4-2

序号	工程名称	IGSO-SVM 模型输出				IGSO-SVM 预测	GSO-SVM 预测	实际等级
		f_1	f_2	f_3	f_4			
32	锦屏二级电站 1+731	−1	+1	−1	−1	Ⅱ	Ⅱ	Ⅱ
33	锦屏二级电站 3+390	−1	−1	+1	−1	Ⅲ	Ⅲ	Ⅲ
34	锦屏二级电站 1+640	+1	−1	−1	−1	Ⅰ	Ⅱ	Ⅱ
35	锦屏二级电站 3+000	−1	−1	+1	−1	Ⅲ	Ⅲ	Ⅲ
36	程潮铁矿 K8	−1	−1	−1	+1	Ⅳ	Ⅳ	Ⅳ
37	程潮铁矿 K9	+1	−1	−1	−1	Ⅰ	Ⅱ	Ⅰ
38	程潮铁矿 K10	−1	−1	−1	+1	Ⅳ	Ⅳ	Ⅳ
39	程潮铁矿 K11	+1	−1	−1	−1	Ⅰ	Ⅰ	Ⅰ
40	程潮铁矿 K12	−1	−1	+1	−1	Ⅲ	Ⅲ	Ⅲ
41	程潮铁矿 K13	−1	−1	−1	+1	Ⅳ	Ⅳ	Ⅳ
42	苍岭隧道 K97+702～98+152	−1	+1	−1	−1	Ⅱ	Ⅱ	Ⅱ
43	苍岭隧道 K98+152～98+637	−1	+1	−1	−1	Ⅱ	Ⅱ	Ⅱ
44	苍岭隧道 K98+637～99+638	−1	−1	+1	−1	Ⅲ	Ⅲ	Ⅲ
45	苍岭隧道 K99+638～100+892	−1	+1	−1	−1	Ⅱ	Ⅱ	Ⅱ
46	苍岭隧道 K100+892～101+386	+1	−1	−1	−1	Ⅰ	Ⅰ	Ⅰ
47	冬瓜山矿 K1	−1	−1	+1	−1	Ⅲ	Ⅲ	Ⅲ
48	北洺河铁矿 K1	+1	−1	−1	−1	Ⅰ	Ⅰ	Ⅰ
49	北洺河铁矿 K2	−1	−1	−1	+1	Ⅳ	Ⅳ	Ⅳ
50	北洺河铁矿 K3	−1	−1	+1	−1	Ⅲ	Ⅲ	Ⅲ
51	北洺河铁矿 K4	+1	−1	−1	−1	Ⅰ	Ⅰ	Ⅰ
52	美国 CAD-A 矿	−1	−1	+1	−1	Ⅲ	Ⅳ	Ⅳ
53	美国 CAD-B 矿	−1	−1	+1	−1	Ⅲ	Ⅲ	Ⅲ
54	美国 CAD-C 矿	−1	+1	−1	−1	Ⅱ	Ⅱ	Ⅱ
55	前苏联 X 矿山	−1	+1	−1	−1	Ⅱ	Ⅱ	Ⅲ
56	瑞士布鲁格水电站硐室	+1	−1	−1	−1	Ⅰ	Ⅰ	Ⅰ
57	乌兹别克斯坦卡姆奇克隧道	−1	−1	−1	+1	Ⅳ	Ⅳ	Ⅳ
58	美国加利纳矿	−1	+1	−1	−1	Ⅱ	Ⅰ	Ⅱ
59	重丘山岭某隧道	+1	−1	−1	−1	Ⅰ	Ⅰ	Ⅰ
60	中国巴玉隧道	−1	−1	−1	+1	Ⅳ	Ⅳ	Ⅳ

由表 4-2 可得出如下结论：

（1）利用 60 组岩爆预测样本测试了 GSO-SVM 与 IGSO-SVM 2 个岩爆预测模

型的预测准确率，当训练集（学习样本）数据为 241 组，测试集（预测样本）数据为 60 组时，IGSO-SVM 岩爆预测模型的预测准确率可达 90%，高于预测准确率为 86.7%的 GSO-SVM 岩爆预测模型。

（2）IGSO 算法较 GSO 算法，在算法精度、收敛速度和稳定性 3 个方面都有提升，为了验证 IGSO-SVM 岩爆预测模型具有更好的性能，将 GSO-SVM 岩爆预测模型与 IGSO-SVM 岩爆预测模型进行性能对比。

由图 4-7 可以看出，基于支持向量机的岩爆预测模型能有效地解决有限样本条件下的非线性的岩爆预测问题。当学习样本为 116 组时，GSO-SVM 岩爆预测模型的预测准确率就能达到 80%，通过改进 GSO 算法，提高算法精度，在学习样本为 91 组时，IGSO-SVM 岩爆预测模型的预测准确率就可达到 80%。

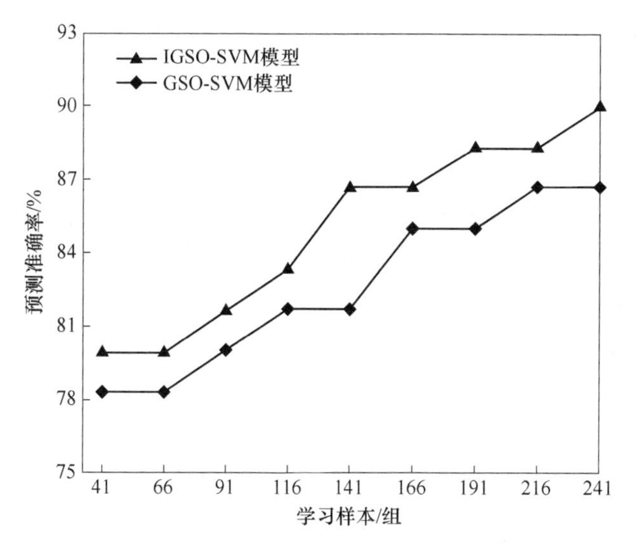

图 4-7 不同学习样本下 SVM 模型预测准确率对比

由图 4-8 可知，随着样本容量增加，GSO-SVM 岩爆预测模型运算量逐渐增大，训练时间显著增加，通过改进 GSO 算法，提高收敛速度，IGSO-SVM 岩爆预测模型的训练时间有相应的减少。但从整体来看，基于支持向量机的岩爆预测模型的训练时间随样本容量增加而显著增加，对于大规模数据集，可能会发生训练时间太长，致使模型难以使用。

（3）当训练集（学习样本）数据为 241 组，测试集（预测样本）数据为 60 组时，如表 4-3 所示，IGSO-SVM 岩爆预测模型具有更高的预测准确率和更少的执行时间，且 IGSO-SVM 岩爆预测模型的稳定性较好，因为均匀分布初始种群要比随机方法取点均匀，每次运行初始解都基本不变。GSO-SVM 岩爆预测模型的算法执行时间高出 IGSO-SVM 岩爆预测模型 32.7s，这是因为 IGSO 算法采用惯性权重函数动态更新步长，算法收敛速度更快，使得算法执行时间更少。

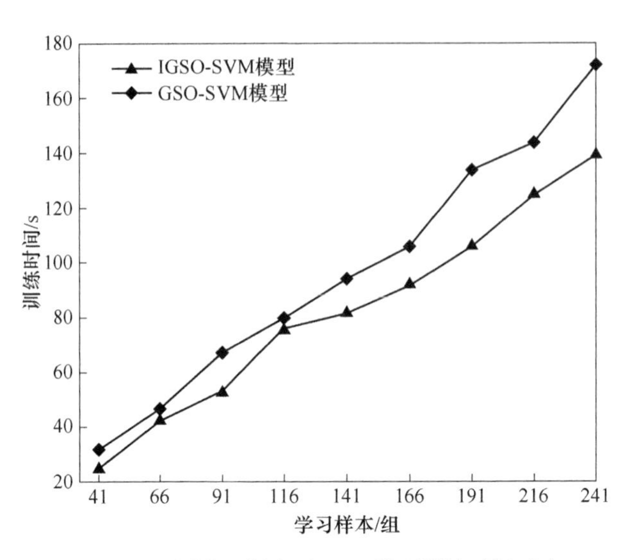

图 4-8 不同学习样本下 SVM 模型训练时间对比

表 4-3 GSO-SVM 和 IGSO-SVM 岩爆预测模型对比

岩爆烈度等级预测模型	预测准确率/%	执行时间/s
GSO-SVM	86.7	172.2
IGSO-SVM	90	139.5

4.4 本章小结

本章采用避开指标权重确定的支持向量机直接学习岩爆工程实例数据，采用基于佳点集变步长策略的萤火虫算法，对支持向量机的惩罚参数 C 和径向基函数参数 g 进行优化，提出了 IGSO-SVM 岩爆预测模型，通过模型有效性验证，评估了 IGSO-SVM 岩爆预测模型的准确性和实用性。

（1）阐述了支持向量机的间隔与支持向量的概念，线性可分支持向量机、线性支持向量机、非线性支持向量机 3 个模型，以及常用的 4 种核函数。

（2）选择了非线性支持向量机进行岩爆烈度等级预测，并确定了径向基函数（RBF）作为支持向量机的核函数。针对岩爆预测数据的有限性、非线性等特征，采用基于佳点集变步长策略的萤火虫算法，优化了支持向量机的惩罚参数 C 和径向基函数参数 g，构建了 IGSO-SVM 岩爆预测模型。

（3）对 60 组岩爆工程实例进行岩爆烈度等级预测，IGSO-SVM 岩爆预测模型的预测准确率可达 90%，有效地判定了预测样本的岩爆烈度等级，且优于 86.7%的 GSO-SVM 岩爆预测模型，IGSO-SVM 岩爆预测模型具有更高的预测准确率、更少的模型执行时间，以及更好的计算稳定性。

（4）IGSO-SVM 岩爆预测模型避开指标权重确定，直接学习有限的岩爆工程实例数据，建立岩爆评价指标与岩爆烈度等级之间的非线性映射关系，有效地解决了有限样本条件下的非线性的岩爆预测问题。

（5）IGSO-SVM 岩爆预测模型虽然避开了指标权重确定问题，通过直接学习岩爆样本数据也取得了较好的预测效果，但是对更大规模的岩爆数据集处理能力有限，当样本容量增加，模型的执行时间会显著增加，直接影响模型的实用性。随着各类地下岩土工程向深部发展，埋深增加，地应力增高，岩爆灾害越来越严重，大量的岩爆数据不断产生。为了适应更大规模的岩爆数据处理需求，仍然有必要探索建立新的岩爆烈度等级预测模型。

5 基于 Dropout 和改进 Adam 算法优化深度神经网络的岩爆预测模型研究

第 4 章从考虑避开指标权重确定、解决有限样本条件下的非线性的岩爆预测问题的角度，采用基于佳点集变步长策略的萤火虫算法优化支持向量机，构建了 IGSO-SVM 岩爆预测模型，取得了一定的预测效果，但是该模型对更大规模的岩爆数据集处理能力有限，当样本容量增加，模型的执行时间会显著增加，直接影响模型的实用性。

随着各类地下岩土工程向深部发展，岩爆灾害频发，岩爆数据正在快速增长，建立一种可处理更多岩爆数据，准确性和实用性更好的岩爆烈度等级预测模型至关重要。近年来，深度学习（Deep learning）技术被广泛关注[210-213]，深度神经网络（DNN）作为一种拟合复杂非线性关系的深度学习模型，不仅在图像分类问题上取得了突破性的进展，而且显著提高了语音识别的准确率，又被成功应用于自然语言理解领域[214,215]。完全由数据驱动的深度神经网络可以有效地解决更大数据规模的岩爆预测问题。

1994 年冯夏庭[97]应用神经网络理论提出了岩爆预报的自适应模式识别方法，随后一些国内外学者也开展了这方面的研究，贾义鹏[103]、FARADONBEH R S[104]、吴顺川[105]分别建立了基于广义回归神经网络、情感神经网络、概率神经网络的岩爆预测模型。目前，基于深度神经网络的岩爆预测尚未开展研究。

为适应更大规模的岩爆数据处理需求，本章采用深度学习技术，针对岩爆预测数据的离散性、有限性等特征，采用 Dropout 对模型进行正则化以防止发生过拟合，同时，为了提高预测模型的时效性和效稳性，采用改进 Adam 算法优化参数，将 Dropout 和改进的 Adam 算法用于深度神经网络优化，构建基于 Dropout 和改进 Adam 算法优化深度神经网络（DA-DNN）的岩爆烈度等级预测模型，通过模型有效性验证，评估 DA-DNN 岩爆预测模型的准确性和实用性。

5.1 Dropout 和改进 Adam 算法优化深度神经网络的理论依据

5.1.1 深度学习技术

深度学习是基于神经网络发展起来的技术，而神经网络的发展历史较为悠久，且发展历程可谓一波三折，20 世纪 40 年代到 60 年代，深度学习雏形在控制论中出现，20 世纪 80 年代到 90 年代，深度学习表现为联结主义，直到 2006 年，历经两次潮起潮落后，神经网络才迎来了它的第三次崛起，真正以深度学习之名复兴[216]。

如今，人工智能（Artificial intelligence，AI）正蓬勃发展，而深度学习则是通向人工智能的途径之一。深度学习作为一种特定类型的机器学习，具有强大的学习能力和灵活性，能使计算机系统从经验和数据中得到提高的技术。深度学习中一系列连续的表示层通过神经网络模型学习得到，可分为以下 3 个步骤。

步骤①：利用权重进行参数化，如图 5-1 所示。

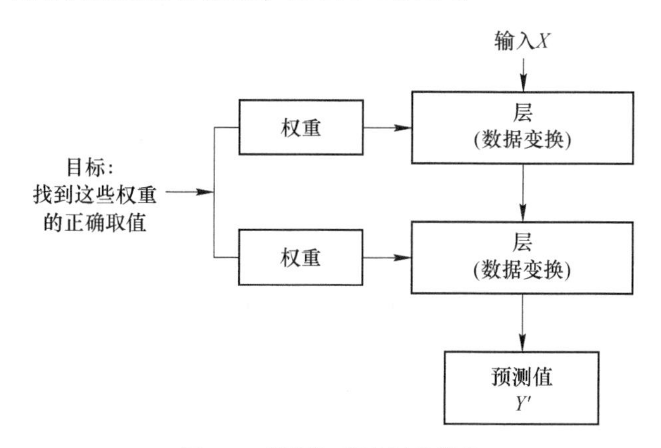

图 5-1 利用权重进行参数化

在深度学习中，一系列连续的表示层几乎总是通过神经网络的模型来学习得到。深度神经网络是通过一系列数据变换（层）实现输入到目标的映射，这些数据变换都是通过对学习样本学习得到，神经网络中每层对输入数据所做的具体操作保存在该层的权重中，其本质是一串数字，即每层实现的变换由其权重来参数化，学习的目的是为神经网络的所有层找到一组权重值，使得该网络能够将每个示例输入与其目标正确地一一对应[216]。

步骤②：利用损失函数衡量输出质量，如图 5-2 所示。

若想控制神经网络的输出，就需要能够衡量该输出与预测值之间的距离，这是神经网络损失函数（Loss function）的任务，该函数也叫目标函数，损失函数的输入是网络预测值与真实目标值（即希望网络输出的结果），然后计算一个距离值，衡量该网络在这个样本上的效果好坏[216]。

步骤③：利用损失值调节权重，如图 5-3 所示。

深度学习的基本技巧是利用这个距离值作为反馈信号来对权重值进行微调，以降低当前样本对应的损失值，这种调节由优化器完成，它实现了反向传播算法，这是深度学习的核心算法。

开始对神经网络的权重随机赋值，因此网络只是实现了一系列随机变换，其

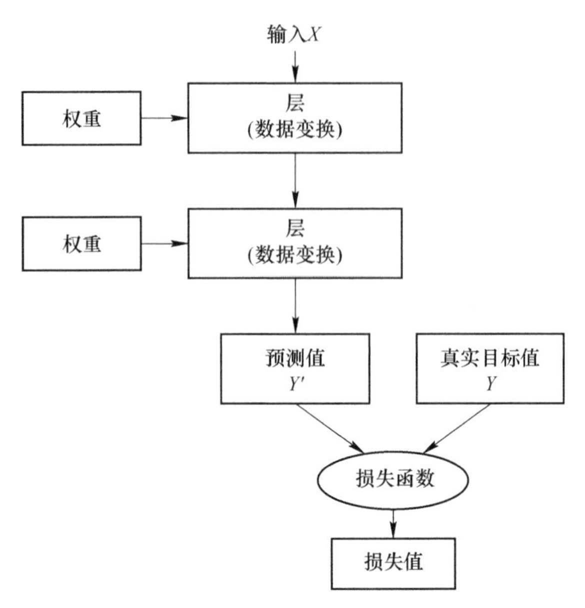

图 5-2 利用损失函数衡量输出质量

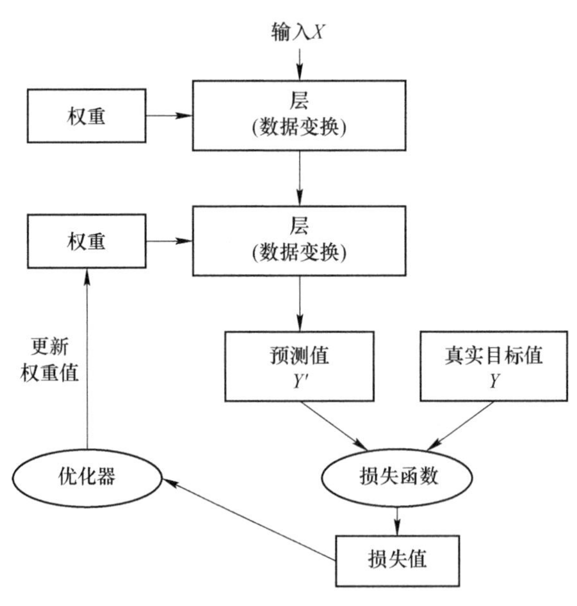

图 5-3 利用损失值调节权重

输出结果自然也和理想值相去甚远，相应地，损失值也很高。但是随着网络处理的样本越来越多，权重值也在正确的方向逐步微调，损失值也逐渐降低，这就是训练循环，将这种循环重复足够多的次数，得到的权重值可以使损失函数最小，具有最小损失的网络，其输出值与目标值尽可能接近，这就是训练好的深度神经网络[216]。

5.1.2 深度神经网络模型

深度神经网络（Deep neural network，DNN）模型源自于感知机模型，如图 5-4 所示。感知机模型只能用于二元分类，且无法学习比较复杂的非线性模型[217,218]。

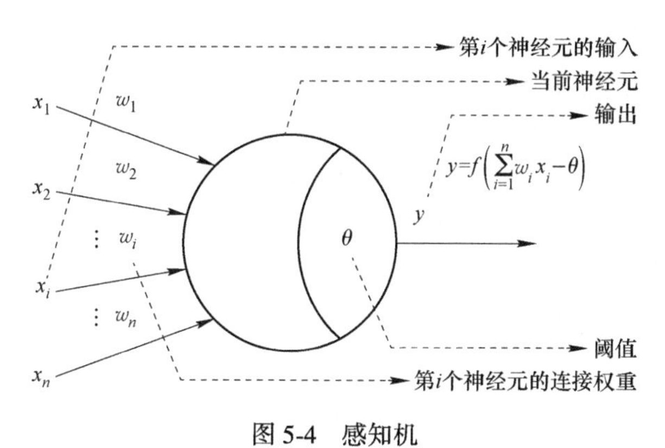

图 5-4 感知机

通过增加隐层、扩展激活函数以及增加输出层的神经元，深度神经网络在感知机模型的基础上做了扩展。

深度神经网络的内部可以分为三类：输入层、隐层和输出层，其结构如图 5-5 所示。深度神经网络的突出特点在于其具备多个隐层，网络单元间每一条链路都是一条可学习训练的因果链。若使用相同网络单元，深度神经网络有远超过浅层网络的表达能力，对于复杂问题的处理能力更强。

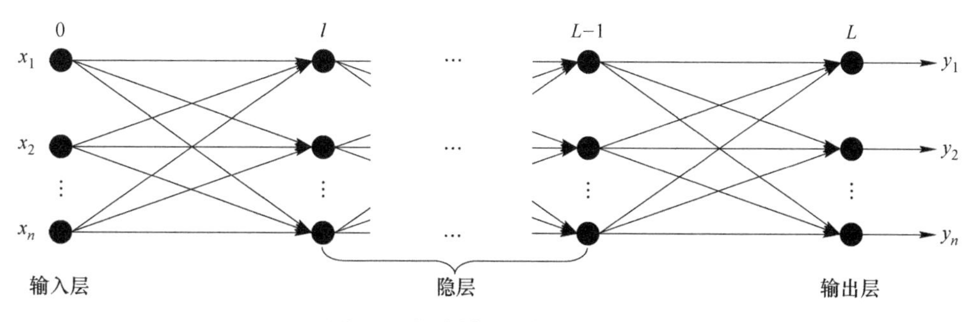

图 5-5 深度神经网络拓扑结构

假设第 l 层有 n_l 个神经元，这些神经元输入组成的向量为 z^l，输出组成的向量为 h^l，令 $u=h^L$ 以区分最终输出与隐层的输出，据深度神经网络计算规则有：

$$z^l = W^l z^{l-1} + b^l,\ l = 1,\ 2,\ \cdots,\ L \tag{5-1}$$

$$h^l = f_l(z^l) \tag{5-2}$$

式中 $W^l \in \mathbf{R}^{n_l \times n_{l-1}}$——第 $l-1$ 层到第 l 层的权值矩阵；

$b^l \in \mathbf{R}^{n_l}$——第 l 层的偏置向量；

f_l——第 l 层的激活函数。

5.1.2.1 激活函数

激活函数（Activation function）是模仿人脑神经元的阈值激活特性，向深度神经网络中引入非线性特征，实现从简单线性空间到高度非线性空间的转换。常用激活函数有 Sigmoid 函数、Tanh 函数、ReLU 函数、Softplus 函数等。

考虑使用 ReLU 函数的模型训练收敛速度快、泛化能力强的优点[219,220]，本章研究选择 ReLU 作为隐层激活函数，其函数形式如下：

$$f_l(z^l) = \max(0,\ z^l) \tag{5-3}$$

输出层激活函数根据所需要解决的问题而定，岩爆烈度等级预测属于分类任务，通常采用 Softmax 函数[221]，其函数形式如下：

$$u = h_k^L = \frac{\exp(z_k^L)}{\sum_{i=1}^{n} \exp(z_i^L)} \tag{5-4}$$

式中 h_k^L——输出层第 k 个神经元的输出。

5.1.2.2 损失函数

前向计算并不能根据学习样本学习出最优参数（权重和偏置），因此，RUMELHART D E[222]提出了误差反向传播算法（Back propagation，BP），该算法从输出层反向传播预测值与实际值的误差，依次向前调整各层参数。在使用 BP 算法对参数调优时，对分类任务而言，损失函数（Loss function）一般选择交叉熵误差[223]（Cross entropy error），其函数形式为：

$$E = -\sum_{i=1}^{N} \sum_{k=1}^{T} y_i^k \lg \hat{y}_i^k \tag{5-5}$$

式中 y_i^k——实际值；

$\hat{y}_i^k$——预测值；

N——学习样本数；

T——分类数。

5.1.3 Dropout 正则化

正则化（Regularization）是通过限制模型复杂度来抑制过拟合，从而提高泛化能力的方法。过拟合（Overfitting）是指只能很好地拟合训练数据，但不能很好地拟合测试数据。开发更有效的正则化策略已成为深度学习领域主要研究工作之一[224]。权值衰减[225]是一直以来常被使用的一种抑制过拟合的方法，该方法是通过在学习的过程中对大的权重进行惩罚，来抑制过拟合，因为很多过拟合原本就是因为权重参数取值过大才发生的。例如为损失函数加上权重的平方范数（即 L^2 范数，设权重为 $W=(w_1, w_2, \cdots, w_n)$，则 $L^2=\sqrt{w_1^2+w_2^2+\cdots+w_n^2}$），这样可以抑制权重变大，若将权重记为 W，L^2 范数的权值衰减就是 $1/2\lambda W^2$，然后将 $1/2\lambda W^2$ 加到损失函数上，λ 是控制正则化强度的超参数，λ 越大，对大的权重施加的惩罚就越重。对于所有权重，权重衰减方法都会为损失函数加上 $1/2\lambda W^2$，因此，在求权重梯度的计算中，要为之前的误差反向传播的结果加上正则化项的导数 λW。L^2 范数的权值衰减方法可以简单实现，在某种程度可以抑制过拟合，但是当网络的模型变得复杂，只用权值衰减就稍显不足，这时，经常采用 Dropout 方法[226]。

如图 5-6 所示，Dropout 是指在网络训练过程中，按一定概率暂时从网络中丢弃部分隐层的单元，将这些单元的输出设置为 0，使其不再进行信号的传递，以此来避免过拟合。测试时，传递所有神经元信号，但各神经元的输出需要乘以丢弃概率后再输出。

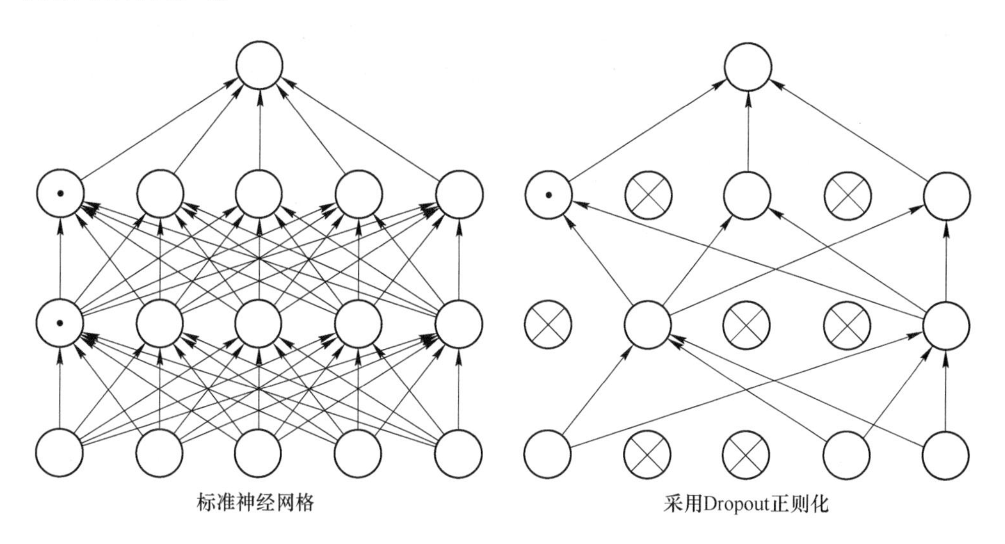

图 5-6　Dropout 概念图

针对岩爆预测数据的离散性、有限性等特征，本章采用 Dropout 对模型进行正则化以防止发生过拟合。由于在深度神经网络训练过程中随机丢弃输入层和隐层一定比例的神经元，Dropout 减少了无关特征数据的特征提取过程。Dropout 与 L^1 和 L^2 范数不同，Dropout 不修改损失函数，只修改深度神经网络本身。加入 Dropout 后，式（5-1）、式（5-2）可写为：

$$r^{l-1} = \text{Bernoulli}(P) \tag{5-6}$$

$$\tilde{z}^{l-1} = r^{l-1} \cdot z^{l-1} \tag{5-7}$$

$$z^l = W^l \tilde{z}^{l-1} + b^l,\ l = 1,\ 2,\ \cdots,\ L \tag{5-8}$$

$$h^l = f_l(z^l) \tag{5-9}$$

式中，Bernoulli 函数是为了以概率 P 随机生成一个 0、1 的向量。

在训练阶段，每个神经元都可能以概率 P 去除，在测试阶段，每个神经元都是存在的，权重参数 W^l 要乘以概率 P 成为 PW^l，即 $W^l_{\text{test}} = PW^l$。

5.1.4 参数优化算法

找到使损失函数值尽可能小的参数是神经网络学习的目的[210]。参数优化算法对网络训练至关重要，采用算法的性能决定了网络训练的速度和精度[224]。

5.1.4.1 随机梯度下降算法

为找到使损失函数的值尽可能小的参数，将参数的梯度（导数）作为线索，使用参数的梯度，沿梯度方向更新参数，并重复多次，从而逐渐靠近最优参数，这个过程称之为随机梯度下降法（Stochastic gradient descent，SGD）[224]。随机梯度下降法是最基础、最典型的参数优化算法，主要思想是沿着梯度方向更新参数，重复多次，直到最优，下降步长通过固定学习率及反向传播中计算出的梯度决定，算法如下所示：

算法　随机梯度下降法
1. 初始化参数：初始学习率 η，初始参数 θ
2. While 停止准则未满足 do
3. 从训练集中随机选取 m 个样本 $\{x^{(1)},\ x^{(2)},\ \cdots,\ x^{(m)}\}$，$y^{(i)}$ 为样本 $x^{(i)}$ 对应的真实值
4. 计算 m 个样本的平均梯度：$g_t = \frac{1}{m} \nabla_{\theta_{t-1}} \sum_i L(f(x^{(i)};\ \theta_{t-1}),\ y^{(i)})$
5. 参数更新：$\theta_t \leftarrow \theta_{t-1} - \eta \cdot g_t$
6. end while

5.1.4.2 动量算法

虽然随机梯度下降法使用简便，但是由于样本的选取随机，该算法易震荡，收敛速度比较缓慢，针对这一缺点，学者们提出了动量算法（Momentum），动量算法是将历史梯度与当前梯度加权求和作为当前的迭代方向[224]。

算法　动量算法
1. 初始化参数：初始学习率 η，动量参数 α
2. 初始化参数：初始速度 v，初始参数 θ
3. While 停止准则未满足 do

算法　动量算法
4. 从训练集中采包含 m 个样本 $\{x^{(1)}, x^{(2)}, \cdots, x^{(m)}\}$ 的小批量，$y^{(i)}$ 为样本 $x^{(i)}$ 对应的真实值
5. 计算梯度：$g \leftarrow \frac{1}{m} \nabla_{\theta} \sum_{i} L(f(x^{(i)}; \theta), y^{(i)})$
6. 计算速度更新：$v \leftarrow \alpha v - \eta g$
7. 参数更新：$\theta_t \leftarrow \theta_{t-1} + v$
8. end while

5.1.4.3　Nesterov's accelerated gradient 算法

Nesterov's accelerated gradient 算法是一种改进的动量算法，为了提高经典动量算法的稳定性，将预估下一个参数迭代点的梯度，与历史梯度加权求和，作为下一个迭代点处的搜索方向[224]。随机梯度下降法、动量法、Nesterov's accelerated gradient 算法这 3 种参数优化算法的学习率都采用固定常数。以下的 AdaGrad 算法、RMSProp 算法、Adam 算法，均是在迭代过程中自动调整学习率。

算法　Nesterov's accelerated gradient 算法
1. 初始化参数：初始学习率 η，动量参数 α
2. 初始化参数：初始速度 v，初始参数 θ
3. While 停止准则未满足 do
4. 从训练集中采包含 m 个样本 $\{x^{(1)}, x^{(2)}, \cdots, x^{(m)}\}$ 的小批量，$y^{(i)}$ 为样本 $x^{(i)}$ 对应的真实值
5. 应用临时更新：$\tilde{\theta} \leftarrow \theta + \alpha v$
6. 计算梯度（在临时点）：$g \leftarrow \frac{1}{m} \nabla_{\tilde{\theta}} \sum_{i} L(f(x^{(i)}; \tilde{\theta}), y^{(i)})$
7. 计算速度更新：$v \leftarrow \alpha v - \eta g$
8. 参数更新：$\theta_t \leftarrow \theta_{t-1} + v$
9. end while

5.1.4.4　AdaGrad 算法

AdaGrad 算法先给出学习率，然后将该学习率与历史梯度的平方根的比值，作为当前迭代的学习率[224]。AdaGrad 在某些深度学习模型上效果不错，但不是全部。

算法　AdaGrad 算法
1. 初始化参数：全局学习率 ϵ，初始参数 θ
2. 初始化参数：小常数 δ，为了数值稳定大约设为 10^{-7}
3. 初始化参数：梯度累积变量 $r = 0$
4. While 停止准则未满足 do
5. 从训练集中采包含 m 个样本 $\{x^{(1)}, x^{(2)}, \cdots, x^{(m)}\}$ 的小批量，$y^{(i)}$ 为样本 $x^{(i)}$ 对应的真实值

算法 AdaGrad 算法
6. 计算梯度：$g \leftarrow \frac{1}{m} \nabla_\theta \sum_i L(f(x^{(i)};\theta), y^{(i)})$
7. 累积平方梯度：$r \leftarrow r + g \odot g$
8. 计算更新：$\Delta\theta \leftarrow -\frac{\epsilon}{\delta + \sqrt{r}} \odot g$（逐元素地应用除和求平方根）
9. 更新：$\theta_t \leftarrow \theta_{t-1} + \Delta\theta_t$
10. end while

5.1.4.5 RMSProp 算法

鉴于 AdaGrad 算法的学习率会逐渐减小至 0，导致算法提前结束，RMSProp 算法被提出，该算法当前迭代学习率是初始学习率与历史梯度的指数衰减平均[224]。

算法 RMSProp 算法
1. 初始化参数：全局学习率 ϵ，衰减速率 ρ，初始参数 θ
2. 初始化参数：小常数 δ，为了数值稳定大约设为 10^{-6}
3. 初始化参数：梯度累积变量 $r = 0$
4. While 停止准则未满足 do
5. 从训练集中采包含 m 个样本 $\{x^{(1)}, x^{(2)}, \cdots, x^{(m)}\}$ 的小批量，$y^{(i)}$ 为样本 $x^{(i)}$ 对应的真实值
6. 计算梯度：$g \leftarrow \frac{1}{m} \nabla_\theta \sum_i L(f(x^{(i)};\theta), y^{(i)})$
7. 累积平方梯度：$r \leftarrow \rho r + (1-\rho) g \odot g$
8. 计算更新：$\Delta\theta \leftarrow -\frac{\epsilon}{\sqrt{\delta + r}} \odot g$（逐元素地应用）
9. 更新：$\theta_t \leftarrow \theta_{t-1} + \Delta\theta_t$
10. end while

5.1.4.6 Adam 算法

AdaGrad 算法和 RMSProp 算法均属于基于梯度 L^2 范数的优化算法，于是，将基于 L^2 范数的算法和基于动量算法的优势结合，便产生了新算法——Adam 算法[227]。Adam 算法只需要计算损失函数的一阶梯度，不同的参数具有不同的学习率，这些学习率是根据参数梯度的一阶矩和二阶矩估计自动选取的。

算法 Adam 算法
1. 初始化参数：初始学习率 η，初始参数 θ
2. 初始化参数：一阶矩和二阶矩估计的指数衰减率分别为 β_1 和 β_2，β_1，$\beta_2 \in [0, 1)$
3. 初始化参数：一阶矩 $m=0$，二阶矩 $v=0$，时间步 $t=0$

算法 Adam 算法
4. While 停止准则未满足 do
5. 从训练集中随机选取 m 个样本 $\{x^{(1)}, x^{(2)}, \cdots, x^{(m)}\}$, $y^{(i)}$ 为样本 $x^{(i)}$ 对应的真实值
6. $t \leftarrow t+1$
7. 计算 m 个样本的平均梯度: $g_t \leftarrow \frac{1}{m} \nabla_{\theta_{t-1}} \sum_i L(f_t(x^{(i)}; \theta_{t-1}), y^{(i)})$
8. 有偏一阶矩估计更新: $m_t \leftarrow \beta_1 \cdot m_{t-1} + (1-\beta_1) \cdot g_t$
9. 有偏二阶矩估计更新: $v_t \leftarrow \beta_2 \cdot r + (1-\beta_2) \cdot g_t \odot g_t$
10. 一阶矩的偏差修正: $\hat{m} \leftarrow \frac{m_t}{1-\beta_1^t}$
11. 一阶矩的偏差修正: $\hat{v}_t \leftarrow \frac{v_t}{1-\beta_2^t}$
12. 计算更新量: $\Delta\theta_t \leftarrow -\eta \frac{\hat{m}_t}{\sqrt{\hat{v}_t + \delta}}$ (元素级别的运算)
13. 参数更新: $\theta_t \leftarrow \theta_{t-1} + \Delta\theta_t$
14. end while

5.2 基于 Dropout 和改进 Adam 算法优化深度神经网络的岩爆预测模型

为防止 DNN 模型在训练过程中出现过拟合现象，采用 Dropout 方法对模型进行正则化。同时，为了提高预测模型的时效性和效稳性，参数优化采用改进的 Adam 算法。将 Dropout 和改进的 Adam 算法用于深度神经网络优化，构建了基于 Dropout 和改进 Adam 算法优化深度神经网络（DA-DNN）的岩爆烈度等级预测模型。

5.2.1 基本的 Adam 算法

基本的 Adam 算法流程如图 5-7 所示。

Adam 算法[227]自动调整学习率，高效搜索参数空间，具有计算高效、实用性好的突出优点，适用于对时效性有较高要求的岩爆预测问题，因此，本章研究选择 Adam 算法用于参数优化。

5.2.2 改进的 Adam 算法

虽然 Adam 算法从理论上解决了学习率的自适应问题，但是 WILSON A C[228]在研究中发现 Adam 算法在训练效果更好的同时，测试误差却并不十分理想，还有改进空间。为解决这一问题，本章研究采用改进的 Adam 算法[229]。

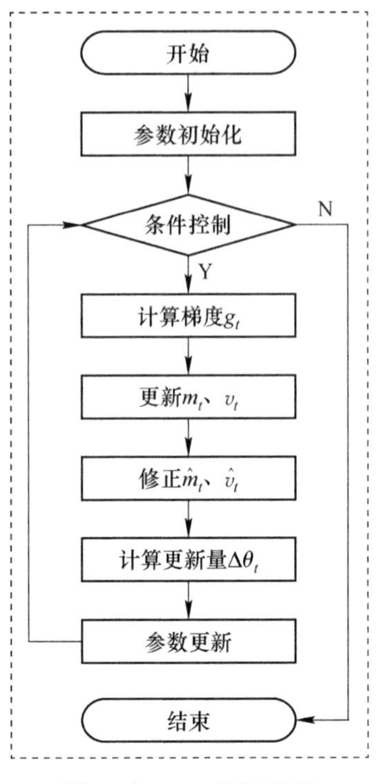

图 5-7 Adam算法流程

改进的Adam算法（Improved adam）是将动量思想融入Adam算法中，更加稳定，收敛速度更快，改进的Adam算法优化更新步骤如下。

算法 改进的Adam算法
1. 初始化参数：初始学习率 η，一阶矩和二阶矩估计的指数衰减率分别为 β_1 和 β_2，β_1、$\beta_2 \in [0, 1)$ 用于数值稳定的小常数 δ
2. 初始化参数：初始参数 θ
3. 初始化参数：一阶矩向量 $m_0 = 0$，二阶矩向量 $v_0 = 0$，时间步长 $t_0 = 0$，改进Adam算法更新量 $P_0^{AM} = 0$，Adam算法迭代方向 $P_0^{A} = 0$
4. While 停止准则未满足 do
5. 从训练集中随机选取 m 个样本 $\{x^{(1)}, x^{(2)}, \cdots, x^{(m)}\}$，$y^{(i)}$ 为样本 $x^{(i)}$ 对应的真实值
6. 计算 m 个样本得平均梯度：$g_t \leftarrow \frac{1}{m} \nabla_{\theta_{t-1}} \sum_i L(f_t(x^{(i)};\ \theta_{t-1}),\ y^{(i)})$
7. $t \leftarrow t + 1$
8. 更新有偏一阶矩估计：$m_t \leftarrow \beta_1 \cdot m_{t-1} + (1 - \beta_1) \cdot g_t$
9. 更新有偏二阶矩估计：$v_t \leftarrow \beta_2 \cdot v_{t-1} + (1 - \beta_2) \cdot g_t \odot g_t$
10. 修正一阶矩的偏差：$\hat{m} \leftarrow \frac{m_t}{1 - \beta_1^t}$

算法 改进的 Adam 算法

11. 修正二阶矩的偏差：$\hat{v}_t \leftarrow \dfrac{v_t}{1-\beta_2^t}$

12. 改进 Adam 算法每步迭代更新量：$P_t^{A} \leftarrow \dfrac{\hat{m}_t}{\sqrt{\hat{v}_t+\delta}}$；$P_t^{AM} \leftarrow \lambda \cdot P_{t-1}^{AM} + \eta \cdot P_t^{A}$

13. 参数更新：$\theta_t \leftarrow \theta_{t-1} - P_t^{AM}$

14. end while

5.2.3 岩爆烈度等级预测模型构建

基于 DA-DNN 的岩爆烈度等级预测模型的计算流程如图 5-8 所示。

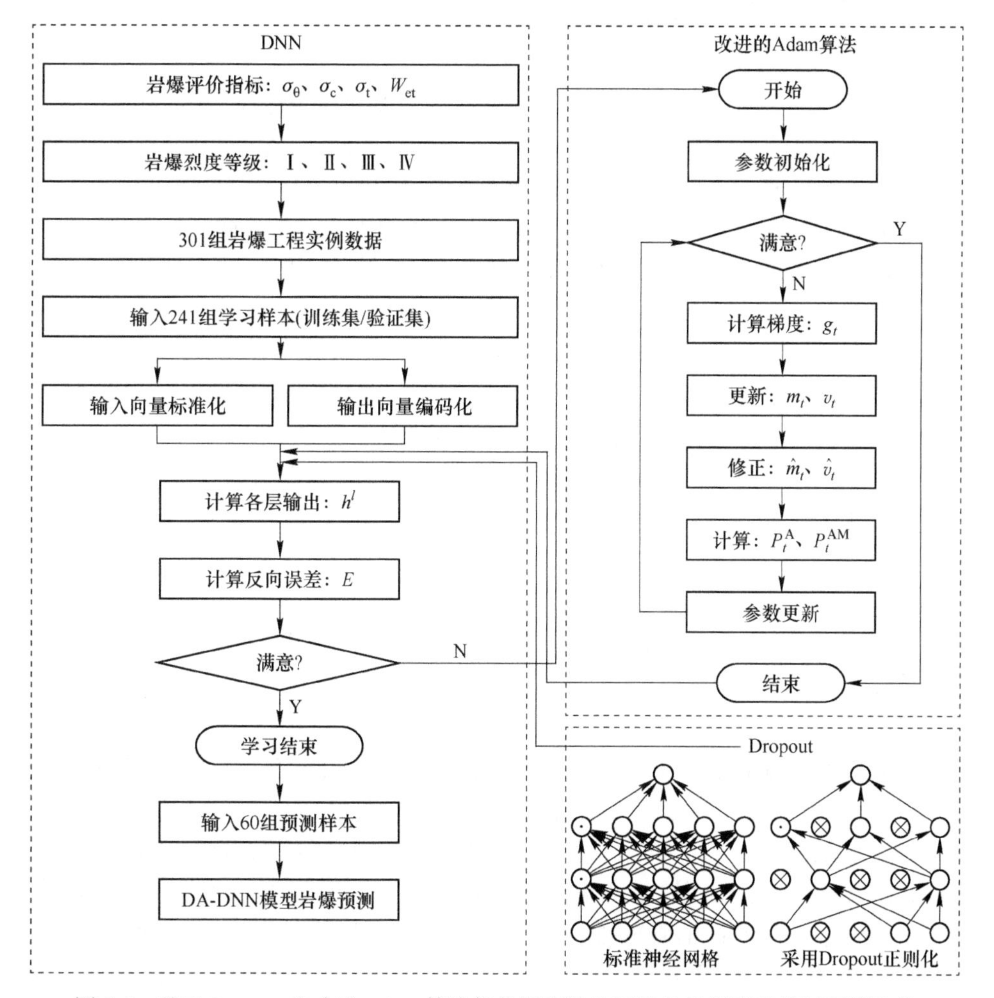

图 5-8 基于 Dropout 和改进 Adam 算法优化深度神经网络的岩爆烈度等级预测流程

基于 DA-DNN 的岩爆烈度等级预测模型具体步骤如下。

步骤①：将 301 组岩爆工程实例数据作为岩爆预测的样本数据，按照 6∶2∶2 划分为训练集、验证集、测试集；

步骤②：输入层 4 个神经元设为 σ_θ、σ_c、σ_t 和 W_{et}，隐层为 3 层，神经元节点数分别为 64，64，16，输出层 4 个神经元设为“0”“1”“2”“3”；

隐层激活函数选取 ReLU 函数，输出层激活函数选取 Softmax 函数，损失函数选取交叉熵误差；

步骤③：将 Dropout 方法与改进的 Adam 算法应用于深度神经网络模型训练；

步骤④：DA-DNN 模型训练完成后，输入 60 组预测样本测试其预测准确率。

5.2.4 岩爆样本数据准备

将 301 组岩爆工程实例数据作为基于 DA-DNN 的岩爆烈度等级预测模型的样本数据，所有数据样本都具有完整的独立四因素（σ_θ、σ_c、σ_t 和 W_{et}）。

(1) 数据集划分。考虑到岩爆样本数据量有限，参照深度学习领域常用的数据集划分方法[224]，即训练集、验证集、测试集按照 6∶2∶2 划分。测试集为 60 组，与 3.4 节模型有效性验证中抽取的岩爆预测样本完全一致。

剩余的 241 组样本数据作为 DA-DNN 岩爆预测模型的学习样本，在训练过程中随机采样，抽取学习样本的 80%作为训练集，20%作为验证集，训练集和验证集没有交集。

训练集用于模型训练，更新参数；验证集用于检验模型的准确率，调整超参数（训练次数、学习率等），监控模型是否发生过拟合；测试集用于在模型最终训练完成后，评估其泛化能力，测试其真正的预测准确率。

(2) 输入向量标准化。本章采用 Z-score 方法[196]对学习样本矩阵中各指标值进行标准化。

5.2.5 深度神经网络结构设计

深度神经网络结构设计主要包括对输入层神经元、隐层层数及节点数、输出层神经元进行确定。

(1) 输入层包括 4 个神经元，分别为 σ_θ、σ_c、σ_t 和 W_{et}；

(2) 综合考虑训练精度、训练时间等因素，根据经验公式[230]确定隐层为 3 层，神经元节点数分别为 64，64，16；

(3) 岩爆烈度分为 4 级：Ⅰ级（无岩爆）、Ⅱ级（轻微岩爆）、Ⅲ级（中级岩爆）和Ⅳ级（强烈岩爆），考虑 DA-DNN 岩爆预测模型的输入输出都是数值，故对上述岩爆等级进行编码处理，将“无岩爆”“轻微岩爆”“中级岩爆”和“强烈岩爆”共 4 个等级分别用数字“0”“1”“2”“3”表示。输出层 4 个神经元即为“0”“1”“2”“3”。

5.2.6 模型主要参数及实现

基于 DA-DNN 的岩爆烈度等级预测模型的主要参数如表 5-1 所示，该模型是在基于 Python3.7 的 Anaconda+PyCharm 平台上开发计算程序实现。

表 5-1 DA-DNN 岩爆预测模型参数

序号	参数名称	参数取值
1	输入层神经元数	4
2	隐层神经元数	3 层：64、64、16
3	输出层神经元数	4
4	隐层激活函数	ReLU
5	输出层激活函数	Softmax
6	损失函数	Cross entropy error
7	过拟合处理方法	Dropout
8	Dropout 丢弃比率	$p = 0.5$
9	训练函数	改进的 Adam 算法
10	初始学习率	$\eta = 0.001$
11	动量系数	$\lambda = 0.95$
12	一、二阶矩估计得指数衰减率	$\beta_1 = 0.9$、$\beta_2 = 0.999$
13	用于数值稳定的常数	$\delta = 1e - 08$
14	误差目标值	0.0001
15	批大小	Batch_size = 10
16	训练次数	Epoch = 60

5.3 模型有效性验证

为了比较 Adam 算法改进前后模型的预测效果，针对 60 组岩爆预测样本，对比分析了 Adam 算法改进前后的 DA-DNN 岩爆预测模型的岩爆烈度等级预测结果，以验证采用改进的 Adam 算法的 DA-DNN 岩爆预测模型的准确性和实用性，如表 5-2 所示。采用预测准确率指标验证 DA-DNN 岩爆预测模型的有效性，具体原因如 3.4 节所述。

为了比较 DA-DNN 岩爆预测模型较普通 BP 神经网络岩爆预测模型的优越性，基于 301 组岩爆工程实例数据也建立了基于普通 BP 神经网络的岩爆预测模型，普通 BP 神经网络岩爆预测模型对 60 组岩爆预测样本的岩爆烈度等级预测结果也列于表 5-2 中。

表 5-2 岩爆预测结果

序号	工程名称	DA-DNN 预测（改进 Adam）	DA-DNN 预测（Adam）	普通 BP 预测	实际等级
1	天生桥二级水电站隧洞	Ⅲ	Ⅲ	Ⅲ	Ⅲ
2	二滩水电站 2 号支洞	Ⅱ	Ⅱ	Ⅲ	Ⅱ
3	龙羊峡水电站地下硐室	Ⅰ	Ⅰ	Ⅰ	Ⅰ
4	鲁布革水电站地下硐室	Ⅰ	Ⅰ	Ⅱ	Ⅰ
5	渔子溪水电站引水隧洞	Ⅲ	Ⅲ	Ⅲ	Ⅲ
6	太平驿水电站地下硐室	Ⅱ	Ⅱ	Ⅱ	Ⅱ
7	李家峡水电站地下硐室	Ⅰ	Ⅰ	Ⅰ	Ⅰ
8	瀑布沟水电站地下硐室	Ⅲ	Ⅲ	Ⅲ	Ⅲ
9	锦屏二级水电站引水隧洞	Ⅲ	Ⅲ	Ⅱ	Ⅲ
10	拉西瓦水电站地下厂房	Ⅲ	Ⅲ	Ⅲ	Ⅲ
11	挪威 Sima 水电站厂房	Ⅲ	Ⅲ	Ⅲ	Ⅲ
12	挪威 Heggura 公路隧道	Ⅲ	Ⅲ	Ⅲ	Ⅲ
13	挪威 Sewage 隧道	Ⅲ	Ⅲ	Ⅱ	Ⅲ
14	瑞典 Forsmark 核电站隧洞	Ⅲ	Ⅲ	Ⅲ	Ⅲ
15	瑞典 Vietas 水电站隧洞	Ⅱ	Ⅱ	Ⅱ	Ⅱ
16	前苏联 Rasvumchorr 井巷	Ⅲ	Ⅲ	Ⅲ	Ⅲ
17	日本关越隧道	Ⅲ	Ⅱ	Ⅳ	Ⅲ
18	意大利 Raibl 铅锌矿井巷	Ⅳ	Ⅳ	Ⅳ	Ⅳ
19	秦岭隧道 DyK77+176	Ⅲ	Ⅲ	Ⅲ	Ⅲ
20	秦岭隧道 DyK72+440	Ⅳ	Ⅳ	Ⅳ	Ⅳ
21	秦岭隧道某段一	Ⅲ	Ⅲ	Ⅲ	Ⅲ
22	秦岭隧道某段二	Ⅲ	Ⅲ	Ⅲ	Ⅲ
23	括苍山隧道	Ⅱ	Ⅱ	Ⅱ	Ⅱ
24	通渝隧道 K21+720 断面	Ⅱ	Ⅱ	Ⅰ	Ⅱ
25	通渝隧道 K21+212 断面	Ⅱ	Ⅱ	Ⅱ	Ⅱ
26	通渝隧道 K21+740 断面	Ⅱ	Ⅱ	Ⅱ	Ⅱ
27	通渝隧道 K21+680 断面	Ⅱ	Ⅱ	Ⅱ	Ⅱ
28	江边水电站引 5+486	Ⅰ	Ⅰ	Ⅱ	Ⅰ
29	江边水电站引 7+366	Ⅰ	Ⅰ	Ⅰ	Ⅰ
30	江边水电站引 7+790	Ⅲ	Ⅲ	Ⅳ	Ⅳ
31	江边水电站引 7+806	Ⅱ	Ⅱ	Ⅱ	Ⅱ
32	锦屏二级电站 1+731	Ⅱ	Ⅱ	Ⅱ	Ⅱ

续表 5-2

序号	工程名称	DA-DNN 预测（改进 Adam）	DA-DNN 预测（Adam）	普通 BP 预测	实际等级
33	锦屏二级电站 3+390	Ⅲ	Ⅲ	Ⅲ	Ⅲ
34	锦屏二级电站 1+640	Ⅱ	Ⅱ	Ⅲ	Ⅱ
35	锦屏二级电站 3+000	Ⅲ	Ⅲ	Ⅲ	Ⅲ
36	程潮铁矿 K8	Ⅳ	Ⅳ	Ⅳ	Ⅳ
37	程潮铁矿 K9	Ⅰ	Ⅰ	Ⅰ	Ⅰ
38	程潮铁矿 K10	Ⅳ	Ⅳ	Ⅳ	Ⅳ
39	程潮铁矿 K11	Ⅰ	Ⅰ	Ⅰ	Ⅰ
40	程潮铁矿 K12	Ⅲ	Ⅲ	Ⅲ	Ⅲ
41	程潮铁矿 K13	Ⅳ	Ⅳ	Ⅳ	Ⅳ
42	苍岭隧道 K97+702~98+152	Ⅱ	Ⅱ	Ⅱ	Ⅱ
43	苍岭隧道 K98+152~98+637	Ⅱ	Ⅱ	Ⅰ	Ⅱ
44	苍岭隧道 K98+637~99+638	Ⅲ	Ⅲ	Ⅱ	Ⅲ
45	苍岭隧道 K99+638~100+892	Ⅱ	Ⅱ	Ⅱ	Ⅱ
46	苍岭隧道 K100+892~101+386	Ⅰ	Ⅰ	Ⅰ	Ⅰ
47	冬瓜山矿 K1	Ⅲ	Ⅱ	Ⅱ	Ⅲ
48	北洺河铁矿 K1	Ⅰ	Ⅰ	Ⅱ	Ⅰ
49	北洺河铁矿 K2	Ⅳ	Ⅳ	Ⅳ	Ⅳ
50	北洺河铁矿 K3	Ⅲ	Ⅲ	Ⅲ	Ⅲ
51	北洺河铁矿 K4	Ⅰ	Ⅰ	Ⅰ	Ⅰ
52	美国 CAD-A 矿	Ⅳ	Ⅳ	Ⅲ	Ⅳ
53	美国 CAD-B 矿	Ⅲ	Ⅲ	Ⅳ	Ⅲ
54	美国 CAD-C 矿	Ⅱ	Ⅱ	Ⅱ	Ⅱ
55	前苏联 X 矿山	Ⅲ	Ⅲ	Ⅲ	Ⅲ
56	瑞士布鲁格水电站硐室	Ⅰ	Ⅱ	Ⅰ	Ⅰ
57	乌兹别克斯坦卡姆奇克隧道	Ⅳ	Ⅳ	Ⅲ	Ⅳ
58	美国加利纳矿	Ⅱ	Ⅱ	Ⅱ	Ⅱ
59	重丘山岭某隧道	Ⅰ	Ⅰ	Ⅰ	Ⅰ
60	中国巴玉隧道	Ⅳ	Ⅳ	Ⅳ	Ⅳ

由表 5-2 可得出如下结论：

（1）利用 60 组岩爆预测样本测试了 Adam 算法改进前后的 DA-DNN 岩爆预测模型的预测准确率，当训练集（学习样本）数据为 241 组，测试集（预测样本）数据为 60 组时，采用改进的 Adam 算法的 DA-DNN 岩爆预测模型的预测准确率可达 98.3%，优于 93.3%的采用 Adam 算法的 DA-DNN 岩爆预测模型。

（2）改进的 Adam 算法较 Adam 算法，预测准确率更高，算法更加稳定，收敛速度更快。为了验证采用改进的 Adam 算法的 DA-DNN 岩爆预测模型具有更好的性能，将 Adam 算法改进前后的 DA-DNN 岩爆预测模型进行性能对比。

同时，为了验证 DA-DNN 岩爆预测模型采用 Adam 算法，相比采用 SGD 算法的优越性，对比了采用 SGD 算法、Adam 算法、改进的 Adam 算法的 DNN 岩爆预测模型的预测准确率。

由图 5-9 可知，在训练次数小于 100 时，采用 SGD 算法的 DNN 岩爆预测模型的预测准确率最高不足 60%，而采用 Adam 算法和改进的 Adam 算法的 DA-DNN 岩爆预测模型在训练次数取 10 时，预测准确率已达到 70%，而当训练次数取 60 时，采用改进的 Adam 算法的 DA-DNN 岩爆预测模型的预测准确率即达到了 95%，预测效果明显优于采用 Adam 算法的 DA-DNN 岩爆预测模型，而只有当训练次数大于 500 时，采用 SGD 算法的 DNN 岩爆预测模型的预测准确率才能达到 80%。

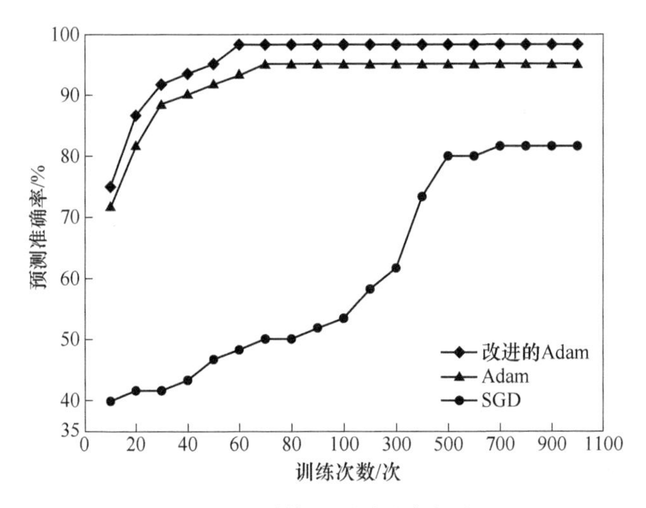

图 5-9 三种算法预测准确率对比

由图 5-10 可看出，采用改进的 Adam 算法的 DA-DNN 岩爆预测模型的训练时间明显低于采用 Adam 算法的 DA-DNN 岩爆预测模型，说明将动量思想融入 Adam 算法中，改进的 Adam 算法收敛速度更快。

（3）基于普通 BP 神经网络的岩爆预测模型的预测准确率只有 75%，说明 DA-DNN 岩爆预测模型避开了指标权重确定问题，完全由数据驱动，可更好地学习不完全、不精确并带有噪声的岩爆数据集中更复杂的深层关系，与基于普通 BP 神经网络的岩爆预测模型相比，可显著提高预测准确率。普通 BP 神经网络岩爆预测模型主要参数如表 5-3 所示。

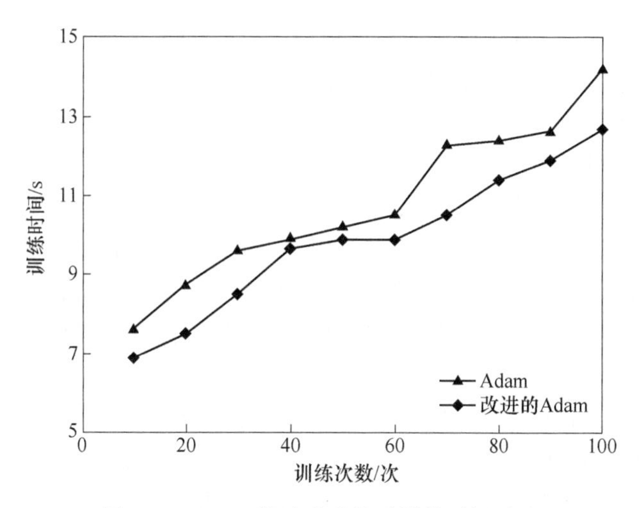

图 5-10 Adam 算法改进前后训练时间对比

表 5-3 普通 BP 神经网络岩爆预测模型主要参数

序号	参数名称	参数取值
1	输入层神经元数	4
2	隐层神经元数	1 层：11
3	输出层神经元数	4
4	隐层激活函数	Log-sigmoid
5	输出层激活函数	Log-sigmoid
6	误差目标值	0. 001

（4）IGSO-SVM 岩爆预测模型和 DA-DNN 岩爆预测模型，都采用了基于数据驱动的机器学习技术，支持向量机是一种传统的机器学习方法，而深度神经网络属于深度学习，深度学习是机器学习中的一个重要子类，可以处理更多的数据量，学习更深层次的特征，预测的准确性更佳，是目前人工智能领域研究的前沿方向。建立的岩爆烈度等级预测数据库虽然是目前包含岩爆工程实例最多的，但仍然十分有限。岩爆样本数据虽然有限，但从预测准确率来看，DA-DNN 岩爆预测模型也优于 IGSO-SVM 岩爆预测模型。

（5）随着各类地下岩土工程向深部发展，埋深增加，地应力增高，岩体赋存的环境更加复杂，因开挖或开采扰动诱发的岩爆灾害越来越严重，大量的岩爆数据不断产生，数据量越来越大时，DA-DNN 岩爆预测模型更有发展前景。

5.4 本章小结

本章基于深度学习技术，采用 Dropout 对模型进行正则化以防止发生过拟合，同时，采用改进 Adam 算法优化参数，提出了 DA-DNN 岩爆预测模型，通过模型有效性验证，评估了 DA-DNN 岩爆预测模型的准确性和实用性。

（1）阐述了深度学习技术的工作原理，深度神经网络模型的构成，以及用于优化深度神经网络的正则化方法和参数优化算法。

（2）为适应更大规模的岩爆数据处理需求，采用深度学习技术，针对岩爆预测数据的离散性、有限性等特征，采用 Dropout 对模型进行正则化以防止发生过拟合；为了提高预测模型的时效性和效稳性，采用改进 Adam 算法优化参数；将 Dropout 和改进 Adam 算法用于深度神经网络模型优化，构建了 DA-DNN 岩爆预测模型。

（3）对 60 组岩爆工程实例进行岩爆烈度等级预测，采用改进的 Adam 算法的 DA-DNN 岩爆预测模型的预测准确率可达 98. 3%，优于 93. 3%的采用 Adam 算法的 DA-DNN 岩爆预测模型，显著优于普通 BP 神经网络岩爆预测模型，有效地判定了预测样本的岩爆烈度等级，采用改进的 Adam 算法的 DA-DNN 岩爆预测模型预测准确率更高，算法更加稳定，收敛速度更快，可以有效地解决更大数据规模的岩爆预测问题。

（4）随着各类地下岩土工程向深部发展，岩爆灾害频发，岩爆数据量越来越多，DA-DNN 岩爆预测模型相对更有发展前景。岩爆数据正在快速增长，正大量产生于采矿、交通、水利等各类地下岩土工程中，传统数据处理方式已逐渐不能适应，发展人工智能数据处理方法，采用深度学习技术对岩爆数据进行学习和挖掘，是亟须努力的方向。

6　不同岩爆预测模型的对比分析及工程实例应用

岩爆预测研究面临的关键问题是如何合理提高岩爆预测模型的准确性和实用性，科学指导岩爆防控。为解决这一问题，建立了包含有301组岩爆工程实例的岩爆烈度等级预测数据库，作为岩爆预测的样本数据；采用机器学习技术，针对岩爆预测数据的特点，构建了RF-AHP-CM岩爆预测模型、IGSO-SVM岩爆预测模型和DA-DNN岩爆预测模型。

本章采用所构建的3个岩爆预测模型对60组岩爆工程实例进行岩爆烈度等级预测，对比分析不同岩爆预测模型的预测准确率、时效性和适用范围，综合评估模型性能。同时，采用所构建的3个岩爆预测模型对内蒙古赤峰某金矿深部开采进行岩爆烈度等级预测，根据现场实际情况进一步验证所构建的3个岩爆预测模型的准确性和实用性，并结合岩爆预测结果和矿山生产实际，提出相应的岩爆防治措施。

6.1　三种岩爆烈度等级预测模型的对比分析

6.1.1　预测准确率的对比分析

对任何预测模型而言，预测准确率是最重要的性能指标。首先对RF-AHP-CM、IGSO-SVM、DA-DNN 3个岩爆预测模型的预测准确率进行对比分析。针对60组岩爆预测样本（与3.4节模型有效性验证中抽取的岩爆预测样本完全一致），3个岩爆预测模型的岩爆烈度等级预测结果如图6-1、表6-1、表6-2所示。

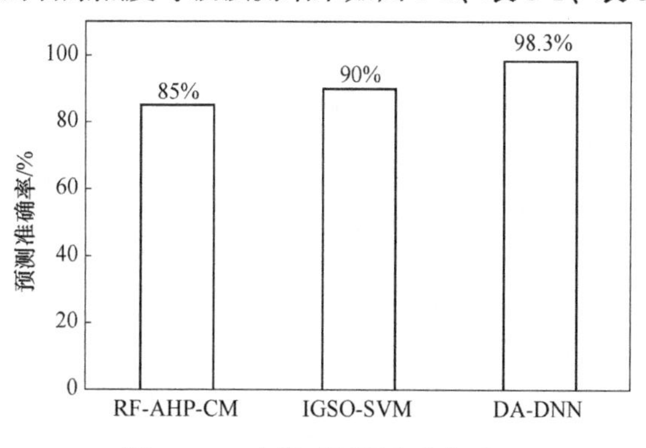

图6-1　三个模型预测准确率对比

表 6-1 岩爆预测结果汇总

序号	工程名称	实际岩爆等级	RF-AHP-CM 预测	IGSO-SVM 预测	DA-DNN 预测
1	天生桥二级水电站隧洞	Ⅲ	Ⅲ	Ⅲ	Ⅲ
2	二滩水电站 2 号支洞	Ⅱ	Ⅲ	Ⅱ	Ⅱ
3	龙羊峡水电站地下硐室	Ⅰ	Ⅰ	Ⅰ	Ⅰ
4	鲁布革水电站地下硐室	Ⅰ	Ⅰ	Ⅰ	Ⅰ
5	渔子溪水电站引水隧洞	Ⅲ	Ⅲ	Ⅲ	Ⅲ
6	太平驿水电站地下硐室	Ⅱ	Ⅱ	Ⅱ	Ⅱ
7	李家峡水电站地下硐室	Ⅰ	Ⅰ	Ⅰ	Ⅰ
8	瀑布沟水电站地下硐室	Ⅲ	Ⅱ	Ⅱ	Ⅲ
9	锦屏二级水电站引水隧洞	Ⅲ	Ⅲ	Ⅲ	Ⅲ
10	拉西瓦水电站地下厂房	Ⅲ	Ⅲ	Ⅲ	Ⅲ
11	挪威 Sima 水电站厂房	Ⅲ	Ⅲ	Ⅲ	Ⅲ
12	挪威 Heggura 公路隧道	Ⅲ	Ⅲ	Ⅲ	Ⅲ
13	挪威 Sewage 隧道	Ⅲ	Ⅲ	Ⅲ	Ⅲ
14	瑞典 Forsmark 核电站隧洞	Ⅲ	Ⅲ	Ⅲ	Ⅲ
15	瑞典 Vietas 水电站隧洞	Ⅱ	Ⅱ	Ⅱ	Ⅱ
16	前苏联 Rasvumchorr 井巷	Ⅲ	Ⅲ	Ⅲ	Ⅲ
17	日本关越隧道	Ⅲ	Ⅲ	Ⅲ	Ⅲ
18	意大利 Raibl 铅锌矿井巷	Ⅳ	Ⅳ	Ⅳ	Ⅳ
19	秦岭隧道 DyK77+176	Ⅲ	Ⅲ	Ⅲ	Ⅲ
20	秦岭隧道 DyK72+440	Ⅳ	Ⅳ	Ⅳ	Ⅳ
21	秦岭隧道某段一	Ⅲ	Ⅲ	Ⅲ	Ⅲ
22	秦岭隧道某段二	Ⅲ	Ⅳ	Ⅳ	Ⅲ
23	括苍山隧道	Ⅱ	Ⅱ	Ⅱ	Ⅱ
24	通渝隧道 K21+720 断面	Ⅱ	Ⅱ	Ⅱ	Ⅱ
25	通渝隧道 K21+212 断面	Ⅱ	Ⅱ	Ⅱ	Ⅱ
26	通渝隧道 K21+740 断面	Ⅱ	Ⅱ	Ⅱ	Ⅱ
27	通渝隧道 K21+680 断面	Ⅱ	Ⅱ	Ⅱ	Ⅱ
28	江边水电站引 5+486	Ⅰ	Ⅰ	Ⅰ	Ⅰ
29	江边水电站引 7+366	Ⅰ	Ⅰ	Ⅰ	Ⅰ
30	江边水电站引 7+790	Ⅳ	Ⅳ	Ⅲ	Ⅲ

续表 6-1

序号	工程名称	实际岩爆等级	RF-AHP-CM 预测	IGSO-SVM 预测	DA-DNN 预测
31	江边水电站引 7+806	Ⅱ	Ⅰ	Ⅱ	Ⅱ
32	锦屏二级电站 1+731	Ⅱ	Ⅱ	Ⅱ	Ⅱ
33	锦屏二级电站 3+390	Ⅲ	Ⅲ	Ⅲ	Ⅲ
34	锦屏二级电站 1+640	Ⅱ	Ⅱ	Ⅰ	Ⅱ
35	锦屏二级电站 3+000	Ⅲ	Ⅲ	Ⅲ	Ⅲ
36	程潮铁矿 K8	Ⅳ	Ⅳ	Ⅳ	Ⅳ
37	程潮铁矿 K9	Ⅰ	Ⅰ	Ⅰ	Ⅰ
38	程潮铁矿 K10	Ⅳ	Ⅳ	Ⅳ	Ⅳ
39	程潮铁矿 K11	Ⅰ	Ⅰ	Ⅰ	Ⅰ
40	程潮铁矿 K12	Ⅲ	Ⅲ	Ⅲ	Ⅲ
41	程潮铁矿 K13	Ⅳ	Ⅳ	Ⅳ	Ⅳ
42	苍岭隧道 K97+702~98+152	Ⅱ	Ⅰ	Ⅱ	Ⅱ
43	苍岭隧道 K98+152~98+637	Ⅱ	Ⅱ	Ⅱ	Ⅱ
44	苍岭隧道 K98+637~99+638	Ⅲ	Ⅱ	Ⅲ	Ⅲ
45	苍岭隧道 K99+638~100+892	Ⅱ	Ⅱ	Ⅱ	Ⅱ
46	苍岭隧道 K100+892~101+386	Ⅰ	Ⅰ	Ⅰ	Ⅰ
47	冬瓜山矿 K1	Ⅲ	Ⅲ	Ⅲ	Ⅲ
48	北洺河铁矿 K1	Ⅰ	Ⅱ	Ⅰ	Ⅰ
49	北洺河铁矿 K2	Ⅳ	Ⅳ	Ⅳ	Ⅳ
50	北洺河铁矿 K3	Ⅲ	Ⅲ	Ⅲ	Ⅲ
51	北洺河铁矿 K4	Ⅰ	Ⅰ	Ⅰ	Ⅰ
52	美国 CAD-A 矿	Ⅳ	Ⅲ	Ⅲ	Ⅳ
53	美国 CAD-B 矿	Ⅲ	Ⅲ	Ⅲ	Ⅲ
54	美国 CAD-C 矿	Ⅱ	Ⅱ	Ⅱ	Ⅱ
55	前苏联 X 矿山	Ⅲ	Ⅲ	Ⅱ	Ⅲ
56	瑞士布鲁格水电站硐室	Ⅰ	Ⅰ	Ⅰ	Ⅰ
57	乌兹别克斯坦卡姆奇克隧道	Ⅳ	Ⅲ	Ⅳ	Ⅳ
58	美国加利纳矿	Ⅱ	Ⅱ	Ⅱ	Ⅱ
59	重丘山岭某隧道	Ⅰ	Ⅰ	Ⅰ	Ⅰ
60	中国巴玉隧道	Ⅳ	Ⅳ	Ⅳ	Ⅳ

表 6-2 三个模型预测准确率

岩爆烈度等级预测模型	预测正确样本数	预测错误样本数	预测准确率/%
RF-AHP-CM	51	9	85.0
IGSO-SVM	54	6	90.0
DA-DNN	59	1	98.3

由图 6-1、表 6-1 和表 6-2 可知，针对同一岩爆预测样本，对比了 RF-AHP-CM、IGSO-SVM、DA-DNN 3 个岩爆预测模型的岩爆烈度等级预测结果，预测准确率分别为 85%、90%、98.3%，3 个岩爆预测模型均取得了一定的预测效果。

RF-AHP-CM 岩爆预测模型的预测准确率虽然相比稍低，但是该模型不仅可以有效地判断主要发生的岩爆烈度等级，而且可以判断可能发生的岩爆烈度等级，体现了云模型处理具有不确定性、随机性和模糊性的岩爆预测问题的显著优势。其他两个岩爆预测模型只能判断主要发生的岩爆烈度等级。

6.1.2 时效性的对比分析

时效性是直接反映模型针对实际工程的实用性指标，从模型所需执行次数和执行时间分析时效性。

RF-AHP-CM 岩爆预测模型的计算步骤中，岩爆评价指标权重的计算和每个岩爆评价指标隶属于各个岩爆烈度等级的确定度计算是独立分开的，不是一个程序直接计算得出最终结果，无法用执行次数和执行时间标准衡量，所以仅对比 IGSO-SVM 和 DA-DNN 2 个岩爆预测模型。

由表 6-3 可看出，DA-DNN 岩爆预测模型运行时，模型的执行次数仅为 60 次，所需执行时间只有 9.9s，远低于 IGSO-SVM 岩爆预测模型的 139.5s。IGSO-SVM 岩爆预测模型运行时，模型所需执行时间受限于样本容量，虽然学习样本只有 241 组，但是执行时间却达到了 139.5s。

表 6-3 模型执行时间对比

岩爆烈度等级预测模型	执行次数/次	执行时间/s
RF-AHP-CM		>300
IGSO-SVM	200	139.5
DA-DNN	60	9.9

6.1.3 适用范围的对比分析

适用范围，同样直接反映模型针对实际工程的实用性。

6.1.3.1 RF-AHP-CM 岩爆预测模型

RF-AHP-CM 岩爆预测模型求得的最优解是基于有限的样本信息，而不是样本容量趋于无穷大时的最优解，适用于小样本情况，很难扩展到大型数据集。

6.1.3.2 IGSO-SVM 岩爆预测模型

IGSO-SVM 岩爆预测模型可有效地解决有限样本条件下非线性的岩爆预测问题。

由图 6-2 可以看出，通过改进萤火虫算法，提高算法精度，在学习样本为 91 组时，IGSO-SVM 岩爆预测模型的预测准确率就可达到 80%，但从整体来看，IGSO-SVM 岩爆预测模型的预测准确率随样本容量增加而提高有限，这也验证了基于支持向量机的岩爆预测是一种适合小样本数据集的机器学习方法。

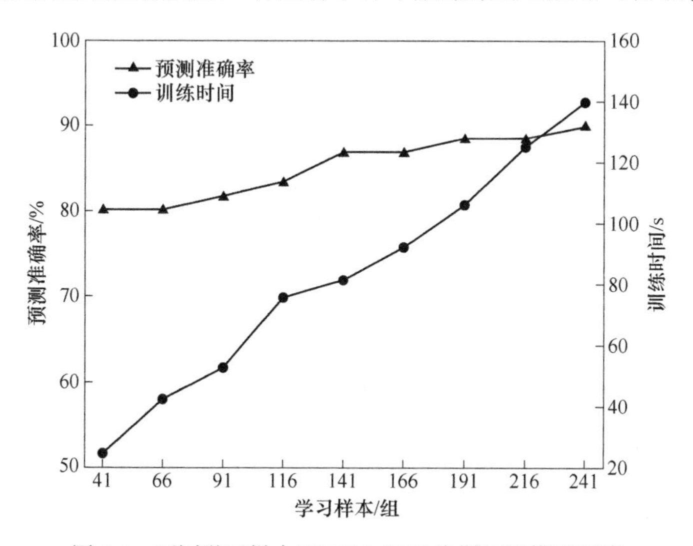

图 6-2 不同学习样本下 IGSO-SVM 岩爆预测模型训练

通过改进萤火虫算法，提高收敛速度，IGSO-SVM 岩爆预测模型的训练时间有相应地减少。但从整体来看，基于支持向量机的岩爆预测模型的训练时间随样本容量增加而显著增加，对于大规模数据集，可能会发生训练时间太长，致使模型难以使用。所以，IGSO-SVM 岩爆预测模型也只适用于小样本数据集。

6.1.3.3 DA-DNN 岩爆预测模型

深度神经网络的优势在于样本容量很大，计算力很强的时候才能体现，但数据量相对小时，进行优化后，也能取得较好的预测效果。针对不同容量的学习样本，对比了采用 SGD 算法、Adam 算法与改进的 Adam 算法的 DNN 岩爆预测模型的预测准确率。

由图 6-3 可知，以预测准确率为校验目标，参数更新采用 SGD 算法时，随着学习样本容量增加，DNN 岩爆预测模型的预测准确率最高仍不足 50%。而当参数更新采用 Adam 算法和改进的 Adam 算法时，随着学习样本容量增加，DNN 岩爆预测模型的预测准确率显著提高，当学习样本为 166 组时，DNN 岩爆预测模型的预测准确率达到了80%；参数更新采用改进的Adam算法，学习样本为216组时，DNN岩爆预测模型的预测准确率即达到了95%。随着各类地下岩土工程向深部发展，埋深增加，地应力增高，岩体赋存环境更加复杂，因开挖或开采扰动诱发的岩爆越来越严重，岩爆数据量越来越多时，DA-DNN岩爆预测模型更有发展前景。

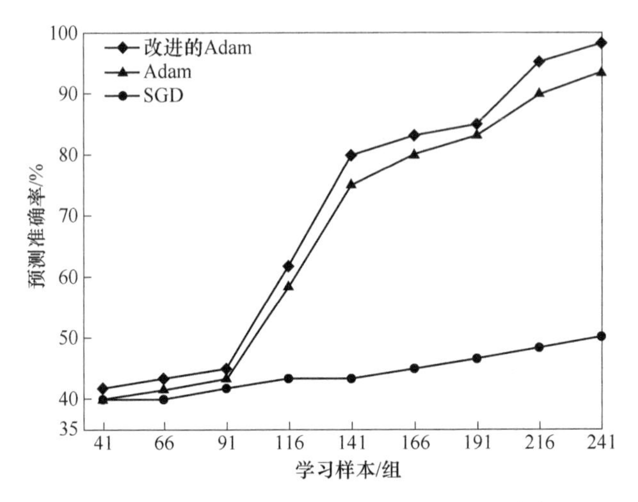

图6-3　不同学习样本下DA-DNN模型预测准确率对比

6.1.4　对比分析小结

基于包含有301组岩爆工程实例的岩爆烈度等级预测数据库，采用机器学习技术，针对岩爆预测数据的随机性、模糊性、有限性、非线性、离散性等特点，深度挖掘数据价值，从不同的研究角度，构建了RF-AHP-CM岩爆预测模型、IGSO-SVM岩爆预测模型和DA-DNN岩爆预测模型，并验证了预测模型的有效性，如图6-4所示。

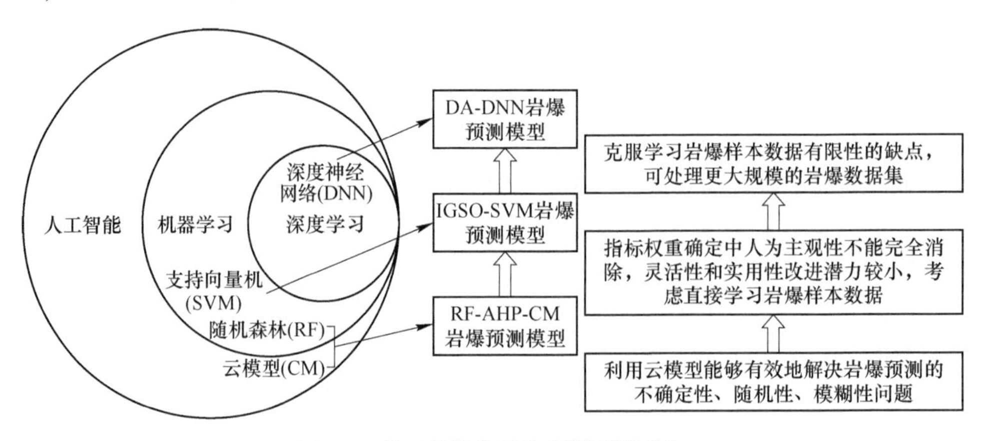

图6-4　基于机器学习的岩爆预测研究

RF-AHP-CM 岩爆预测模型、IGSO-SVM 岩爆预测模型和 DA-DNN 岩爆预测模型都有各自的特点及优势，从预测准确率、时效性和适用范围 3 个角度进行了对比分析，综合评估了模型性能，如表 6-4 所示。

表 6-4 三个模型性能综合对比

对比指标	RF-AHP-CM 岩爆预测模型	IGSO-SVM 岩爆预测模型	DA-DNN 岩爆预测模型
预测准确率	85%	90%	98.3%
时效性	分为两个独立计算模型，不列入比较	算法执行时间为 139.5s	算法执行时间为 9.9s
适用范围	小样本数据集	小样本数据集	样本容量越大越体现优势，样本容量小则需进行优化，也可取得较好效果

由表 6-4 可得出如下结论：

（1）RF-AHP-CM 岩爆预测模型预测准确率相比稍低，但该模型不仅可以有效地判断主要发生的岩爆烈度等级，还可以判断可能发生的岩爆烈度等级，有效地解决了具有不确定性、随机性和模糊性的岩爆预测问题。

（2）IGSO-SVM 岩爆预测模型时效性表现一般，但可避开指标权重确定，直接学习岩爆工程实例数据，有效地解决了有限样本条件下的非线性的岩爆预测问题。

（3）DA-DNN 岩爆预测模型预测准确率和时效性都表现较优，该模型可以处理更多的数据量，学习更深层次的特征，样本容量越大表现越好，有效地解决了更大数据规模的岩爆预测问题，但数据量相对有限时，进行优化后，也能取得较好的预测效果。

6.2 内蒙古赤峰某金矿的岩爆预测与防治

内蒙古赤峰某金矿于 1958 年建矿，分三个采区开采，目前二采区开采中段达到了盲十中，其深部开采已经达到了 700～800m。二采区主采矿体赋存于深部 +700～-155m，矿体走向 300°～330°，倾向 62°，平均倾角 73°～78°，平均厚度 0.87m，采用削壁充填法进行采矿。矿体赋存于含金石英脉中，矿物组合以黄铁矿为主，局部见黄铜矿、方铅矿及闪锌矿，顶部含自然金。近矿围岩主要为结晶灰岩、花岗斑岩等，均为硬质岩，岩石稳定性好，单轴抗压强度为 71.8～118.1MPa，单轴抗拉强度为 4.6～13.4MPa，实测最大主应力 15～37MPa。

岩爆发生在二采区盲五中往下各中段，其中盲五中标高为+100m，盲七中标高为+10m，盲十中标高为-125m。岩爆发生前几乎都发出咔咔的响声，几秒钟后即发生岩爆，岩爆多发生在采场的上盘，巷道的肩部和底角。

6.2.1 岩爆评价指标值确定

6.2.1.1 岩石单轴抗压强度σ_c、岩石单轴抗拉强度σ_t和岩石弹性能量指数W_{et}确定

通过在内蒙古赤峰某金矿进行实地勘查，根据岩爆发生位置，岩石取样地点选在该金矿二采区深部+100～+10m 的部位，岩样直接取自于盲五中～盲七中的矿体或围岩。

岩石力学实验在内蒙古科技大学岩石力学实验室进行，岩样实验室后期加工采用的设备主要有：TY-450 型岩样自动双刀片锯石机、XYZ-3 型钻孔取样机和 SDM-150 型双面磨石机。岩石单轴抗压强度和岩石加卸载试验的岩样规格为 ϕ50mm×L100mm，岩石单轴抗拉强度试验的岩样规格为 ϕ50mm×L25mm，所有岩样两端的不平整度允许偏差为±0.05mm，断面垂直于轴线，允许偏差为±0.25°。岩石单轴抗压强度和抗拉强度试验是在 KZY-300 型试验机上完成，图 6-5 为岩石单轴抗压强度试验，图 6-6 为岩石单轴抗拉强度试验。岩石加卸载试验在 SAS-2000 型液压伺服岩石试验机上完成。

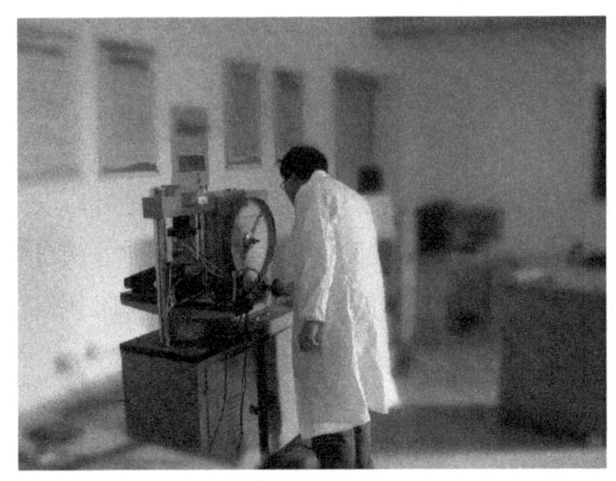

图 6-5 岩石单轴抗压强度试验

图 6-6 岩石单轴抗拉强度试验

岩石弹性能量指数 W_{et} 反映了岩体储聚与释放能量的性能[231]，KIDYBINSKI A Q[44] 用其评价煤岩的岩爆倾向性，计算表达式为：

$$W_{et} = \frac{\Phi_{sp}}{\Phi_{st}} \tag{6-1}$$

式中 Φ_{sp} ——卸载时释放的弹性应变能；

Φ_{st} ——加卸载循环中耗损的弹性应变能，如图 6-7 所示。

本章研究中 W_{et} 是根据文献［140］中建议方法求取，即先进行岩石单轴压缩试验，检验体积应变反弯点存在，然后进行岩石的单轴加载，实时观测体积应

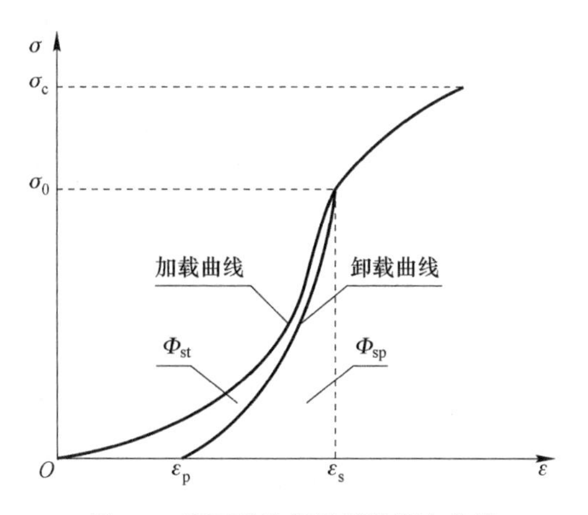

图 6-7 岩石弹性能量指数测定曲线

变，判断反弯点，将此时的荷载状态定为卸载点，然后卸载到5%峰值强度处。采用建议方法获得的内蒙古赤峰某金矿岩样 W_{et} 试验结果如表 6-7 所示。该矿所测岩样的反弯点均在 $0.78\sigma_c$ 左右，图 6-8 为岩样 M7-WT27 加卸载应力—应变曲线。

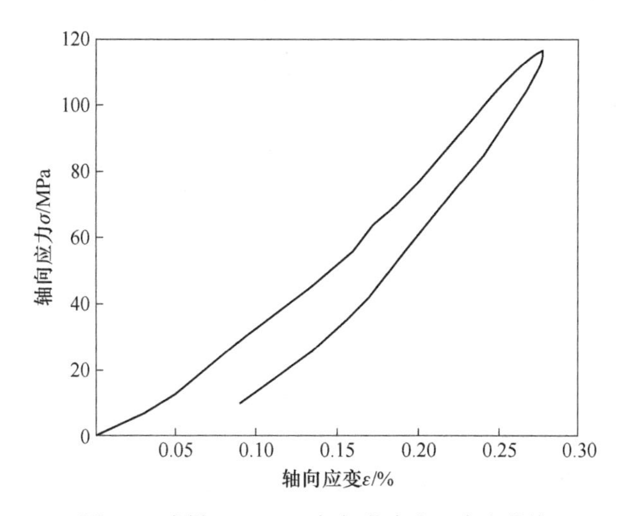

图 6-8 岩样 M7-WT27 加卸载应力—应变曲线

对取自内蒙古赤峰某金矿二采区盲五中～盲七中的矿体、结晶灰岩和花岗斑岩，共完成岩石单轴抗压强度试验 27 组，岩石单轴抗拉试验 27 组，岩石加卸载试验 30 组。为了便于区分，按照取样位置所在中段（盲五中 M5）、所取岩样的岩性（矿体 K、围岩 W）和岩石力学试验类型（抗压 Y、抗拉 L、加卸载 T）对岩样编号，如 M7-WT27 为进行岩石加卸载试验的 27 号岩样，取自于盲七中围岩。考虑本章研究的针对性，表 6-5～表 6-7 仅列出岩爆发生位置的岩样试验结果。

表 6-5 岩石单轴抗压强度试验结果

盲五中结晶灰岩			盲七中花岗斑岩		
岩样编号	破坏荷载/kN	抗压强度/MPa	岩样编号	破坏荷载/kN	抗压强度/MPa
M5-WY4	148.9	81.2	M7-WY16	202.4	107.5
M5-WY5	129.7	71.8	M7-WY17	221.7	115.4
M5-WY6	133.5	75.8	M7-WY18	225.0	118.1

表 6-6 岩石单轴抗拉强度试验结果

盲五中结晶灰岩			盲七中花岗斑岩		
岩样编号	破坏荷载/kN	抗压强度/MPa	岩样编号	破坏荷载/kN	抗压强度/MPa
M5-WL4	8.4	5.2	M7-WL16	29.4	12.3
M5-WL5	6.8	4.6	M7-WL17	32.2	13.4
M5-WL6	9.4	5.7	M7-WL18	28.7	11.8

表 6-7 岩石弹性能量指数试验结果

盲五中结晶灰岩		盲七中花岗斑岩	
岩样编号	弹性能量指数	岩样编号	弹性能量指数
M5-WT6	2.8	M7-WT26	3.7
M5-WT8	2.5	M7-WT27	3.1
M5-WT9	2.2	M7-WT29	3.5

6.2.1.2 洞壁围岩最大切向应力 σ_θ 确定

内蒙古赤峰某金矿二采区深部地应力取值来自矿方提供的《内蒙古赤峰某金矿深部地压控制及安全高效采矿技术研究》报告，该研究首先采用应力解除法对内蒙古赤峰某金矿深部进行了地应力测量，然后建立了三维有限元区域模型，最后进行了地应力场反演，通过有限的地应力测点，得到了该金矿的原始地应力场。

6.2.2 岩爆预测

采用构建的 RF-AHP-CM、IGSO-SVM 和 DA-DNN 3 个岩爆预测模型对内蒙古赤峰某金矿深部开采进行了岩爆烈度等级预测，预测结果如表 6-8 所示。表 6-8 中岩爆评价指标 σ_c、σ_t 和 W_{et} 取值分别为岩石力学试验结果的平均值。

表 6-8　岩爆数据和预测结果

位置	σ_θ/MPa	σ_c/MPa	σ_t/MPa	W_{et}	实际岩爆等级	RF-AHP-CM 预测	IGSO-SVM 预测	DA-DNN 预测
盲五中	42.3	76.3	5.2	2.5	Ⅱ	Ⅱ	Ⅱ	Ⅱ
盲七中	61.7	113.7	12.5	3.4	Ⅲ	Ⅲ	Ⅲ	Ⅲ

3 个岩爆预测模型均预测盲五中会发生轻微岩爆，与现场情况吻合，如图 6-9 所示，实际情况是在距地表 600m 的盲五中联络巷道的结晶灰岩中发生岩爆，巷道两帮发生剥离掉块，有轻微的爆裂声。

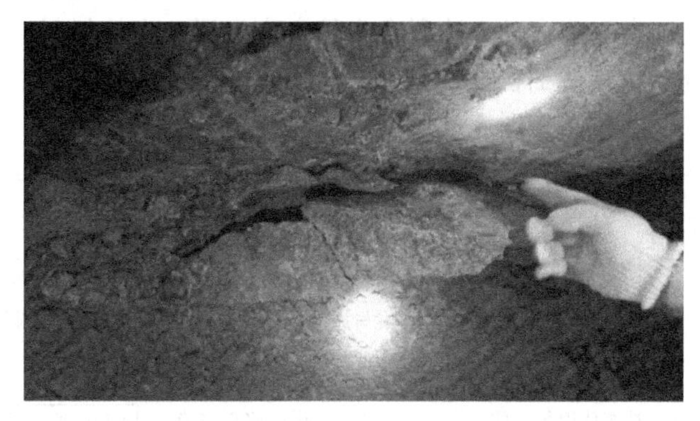

图 6-9　现场岩爆情况

3 个岩爆预测模型均预测盲七中会发生中级岩爆，预测结果完全符合实际，实际情况是在距地表 690m 的盲七中运输巷道的花岗斑岩中发生岩爆，发生位置处的矿车轨道被鼓起近 600mm 高，且全部弯曲，地表听到类似爆破的响声，而且伴有震颤。

6.2.3　岩爆防治

岩爆预测的最终目的是为岩爆防治提供科学依据。在上述岩爆预测结果的基础上，结合内蒙古赤峰某金矿深部开采的实际情况，提出如下 8 项岩爆防控措施：

（1）巷道施工时还应选择合理的开挖方式和施工顺序，一般进尺控制在 2m 以内，采用以光面爆破为主的爆破方式，及时在施工掌子面和巷道两帮喷洒高压水，使围岩软化、膨胀，降低强度，减少岩爆发生的可能。

（2）在该矿二采区盲七中往下各中段的巷道施工时，必要时在巷道两帮或掌子面施工超前卸压孔，孔深一般为 2~3m，提前释放应变能，减轻围岩应力集中，降低岩爆发生的概率，若巷道的肩部和底脚符合施工条件，尽可能选择这些区域。

（3）该矿二采区盲五中往下各中段的采场布置要充分考虑区域岩体力学特性和地应力特性，结合矿山实际，优化现有采场布置和划分，如沿矿体走向布置采场，使采场长轴方向与最大主应力方向呈小角度角相交，同时，还应设计合理的开采顺序和回采速率。

（4）该矿二采区盲五中往下各中段新设计巷道时，应充分考虑最大主应力的影响，并尽可能避开硬度大和脆性好的岩体，如巷道布置在结晶灰岩要优于花岗斑岩，因为花岗斑岩强度更大。

（5）该矿二采区盲五中往下各中段的巷道要采取针对性的支护加固措施，对有岩爆倾向的地下金属矿山，不同的国家采取的支护措施基本一致，即均由单一支护向锚—网—索—喷多种方法联合支护方向发展，支护材料、参数及施工方法也在不断改进，从其他工程案例来看，NPR 新型锚杆/索应用于岩爆防治较为有效。巷道支护一般思路如图 6-10 所示。

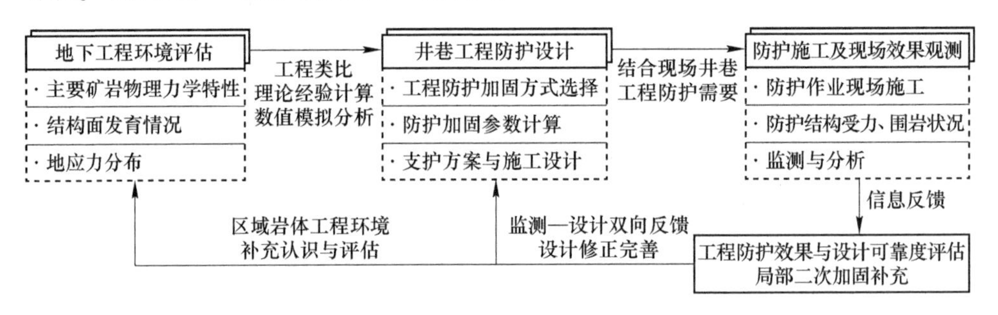

图 6-10 巷道支护设计一般思路

（6）采场是一个特殊作业区域，该矿二采区盲五中往下各中段的采场应加强支护，根据生产实际，考虑采用类似崩落上盘围岩的措施，达到采场超前卸压的目的。

（7）井下作业人员要进行岩爆相关知识的普及教育，严格执行岩爆区域作业的日常防护措施。

（8）该金矿二采区盲五中段发生了轻微岩爆，盲七中段发生了中级岩爆，因此，该金矿二采区盲七中往下各中段开采前，要提前进行岩爆预测，根据可能发生的岩爆烈度等级，采取科学的岩爆防治措施。由目前的岩爆预测结果和现场实际情况可知，该金矿二采区盲七中往下各中段，有发生中级岩爆，甚至是强烈岩爆的可能，应采取现场实时监测，避免造成人员伤害和设备损坏。微震监测技术作为现场岩爆预测预警的有力监测手段，能够 24 小时不间断实时预测预警。

6.3 本章小结

本书构建的 RF-AHP-CM 岩爆预测模型、IGSO-SVM 岩爆预测模型和 DA-DNN

岩爆预测模型都有各自的特点及优势，从预测准确率、执行效率和适用范围3个角度进行了对比分析，综合评估了模型性能。最后，采用所构建的3个岩爆预测模型对内蒙古赤峰某金矿深部开采进行岩爆预测。

（1）针对60组岩爆工程实例的岩爆烈度等级预测，RF-AHP-CM、IGSO-SVM和DA-DNN岩爆预测模型的预测准确率分别为85%、90%、98.3%；RF-AHP-CM岩爆预测模型无法用执行时间标准衡量，DA-DNN岩爆预测模型所需执行时间只有9.9s，远低于IGSO-SVM岩爆预测模型的139.5s；RF-AHP-CM和IGSO-SVM的岩爆预测模型均适用于小样本情况，很难扩展到大型数据集，DA-DNN岩爆预测模型可以处理更多的数据量，学习更深层次的特征。

（2）RF-AHP-CM岩爆预测模型不仅可以有效地判断主要发生的岩爆烈度等级，还可以判断可能发生的岩爆烈度等级，有效地解决了具有不确定性、随机性和模糊性的岩爆预测问题；IGSO-SVM岩爆预测模型有效地解决了有限样本条件下的非线性的岩爆预测问题；DA-DNN岩爆预测模型有效地解决了更大数据规模的岩爆预测问题。

（3）采用RF-AHP-CM、IGSO-SVM和DA-DNN 3个岩爆预测模型对内蒙古赤峰某金矿深部开采进行了岩爆预测，预测结果与现场实际情况具有较好的一致性，进一步验证了所构建的3个岩爆预测模型的准确性和实用性，并结合岩爆预测结果和矿山生产实际，提出了8项相应的岩爆防治措施。

7 结论与展望

7.1 结　　论

为了合理提高岩爆预测模型的准确性和实用性，本书基于建立的岩爆烈度等级预测数据库，采用机器学习技术，针对岩爆预测数据的特点，提出了3个岩爆烈度等级预测模型，并验证了预测模型的有效性。对比分析了3个岩爆预测模型的预测准确率、时效性和适用范围，最后将所构建的3个岩爆预测模型应用于内蒙古赤峰某金矿深部开采岩爆工程实践。

主要结论如下。

（1）建立了岩爆烈度等级预测数据库。选取了洞壁围岩最大切向应力 σ_θ、岩石单轴抗压强度 σ_c、岩石单轴抗拉强度 σ_t、岩石弹性能量指数 W_{et} 作为岩爆评价指标；将岩爆烈度分为4级：Ⅰ级（无岩爆）、Ⅱ级（轻微岩爆）、Ⅲ级（中级岩爆）和Ⅳ级（强烈岩爆）；根据所确定的岩爆评价指标和岩爆烈度等级，建立了一个包括301组岩爆工程案例的数据库，其中无岩爆样本49组、轻微岩爆样本79组、中级岩爆样本119组、强烈岩爆样本54组，所有数据样本都具有完整的独立四因素（σ_θ、σ_c、σ_t 和 W_{et}），可作为岩爆烈度等级预测的样本数据。这一成果可为工程技术人员预测岩爆提供数据基础。

（2）提出了基于随机森林优化层次分析法—云模型（RF-AHP-CM）的岩爆烈度等级预测模型。建立了基于随机森林的岩爆评价指标重要性分析模型，求解出了4个岩爆评价指标的重要性分数，重要性分数由大到小依次为：σ_θ、σ_c、σ_t 和 W_{et}），并据此构造了层次分析法的分析矩阵，构建了RF-AHP指标权重计算方法，再结合云模型，构建了RF-AHP-CM岩爆预测模型。模型有效性验证结果表明：RF-AHP-CM岩爆预测模型的预测准确率可达85%，优于71.7%的AHP-CM岩爆预测模型和81.7%的FCM-RS-CM岩爆预测模型；RF-AHP指标权重计算方法基于客观数据构造层次分析法的分析矩阵，融合了主、客观优势，有效降低了指标权重确定中人为主观性的影响，提高了基于云模型的岩爆预测模型的准确性和实用性。RF-AHP-CM岩爆预测模型综合考虑了岩爆评价指标实测值的随机性和岩爆烈度等级标准划分的模糊性，反映了岩爆预测过程中的不确定性，且预测过程更加直观，利于模型推广使用，具有一定的工程应用价值。

（3）提出了基于改进萤火虫算法优化支持向量机（IGSO-SVM）的岩爆烈度

等级预测模型。针对岩爆预测数据的有限性、非线性等特征，采用基于佳点集变步长策略的萤火虫算法优化支持向量机的惩罚参数 C 和径向基函数参数 g，构建了 IGSO-SVM 岩爆预测模型。模型有效性验证结果表明：IGSO-SVM 岩爆预测模型避免了指标权重确定问题，通过直接学习岩爆工程实例数据实现了岩爆预测，其预测准确率可达 90%，优于 86.7%的 GSO-SVM 岩爆预测模型，且具有更少的模型执行时间和更好的计算稳定性。IGSO-SVM 岩爆预测模型对有限样本条件下的岩爆预测具有借鉴意义。

（4）提出了基于 Dropout 和改进 Adam 算法优化深度神经网络（DA-DNN）的岩爆烈度等级预测模型。为适应随地下岩土工程向深部发展而快速增长的岩爆数据处理需求，采用深度学习技术，针对岩爆预测数据的离散性、有限性等特征，采用 Dropout 对模型进行正则化以防止发生过拟合。同时，为了提高预测模型的时效性和效稳性，采用改进 Adam 算法优化参数，构建了 DA-DNN 岩爆预测模型。模型有效性验证结果表明：DA-DNN 岩爆预测模型的预测准确率可达 98.3%，且算法更加稳定，收敛速度更快。DA-DNN 岩爆预测模型为更大数据规模的岩爆预测提供了新思路。

（5）从预测准确率、时效性和适用范围 3 个方面对比分析了 RF-AHP-CM、IGSO-SVM、DA-DNN 3 个岩爆预测模型，结果表明：3 个岩爆预测模型各具优势，RF-AHP-CM 岩爆预测模型不仅可有效地判断主要发生的岩爆烈度等级，还可同时判断可能发生的岩爆烈度等级，有效地解决了具有不确定性、随机性和模糊性的岩爆预测问题；IGSO-SVM 岩爆预测模型避开指标权重确定，直接学习岩爆工程实例数据，有效地解决了有限样本条件下的非线性的岩爆预测问题；DA-DNN 岩爆预测模型有效地解决了更大数据规模的岩爆预测问题。

（6）采用本文构建的 RF-AHP-CM 岩爆预测模型、IGSO-SVM 岩爆预测模型和 DA-DNN 岩爆预测模型对内蒙古赤峰某金矿深部开采进行了岩爆预测，预测结果与现场实际情况具有较好的一致性，验证了所构建的 3 个岩爆预测模型的准确性和实用性，并根据岩爆预测结果和矿山生产实际，提出了 8 项相应的岩爆防治措施。

7.2 展　望

目前岩爆预测领域已取得了较为丰硕的成果，但仍有一系列问题亟待解决，从本书的研究工作看，仍需从以下几个方面进行深入研究：

（1）建立岩爆案例数据库。岩爆数据正在快速增长，正大量产生于采矿、交通、水利等各类地下岩土工程中，岩爆的孕育和发生是一个复杂的过程，从多种角度建立岩爆案例数据库，除了现场及实验力学参数，还应包括诸如微震波形、微震事件时间序列、各类岩爆案例等信息，同时在专业平台发布，有新的案例数据后及时补充更新，供所有岩爆研究领域的科研人员使用。

（2）利用深度学习技术处理岩爆数据。面对越来越多的岩爆数据，传统数据处理方式已逐渐不能适应，只有发展人工智能数据处理方法，才有可能追上岩爆数据的快速增长。采用深度学习技术对岩爆数据进行深度挖掘，多种角度分析数据处理结果，不断提高岩爆预测精度，是亟须努力的方向。

（3）岩爆综合预测方法与微震监测技术相结合。基于岩爆影响因素的综合预测方法取得了较好的预测效果，可科学指导岩爆防控，但是其无法满足现场对岩爆进行实时监测的需要，而微震监测技术作为现场岩爆预测预警的有力监测手段，能够24小时不间断实时预测预警，微震不足之处在于只适用于工程的施工建设阶段。随着各类地下岩土工程向深部发展，岩爆灾害日趋频繁，而现阶段还无法对岩爆孕育和发生机理完全认识，有必要深入研究如何将岩爆理论预测方法与微震监测技术相结合，更加准确地预测岩爆发生时刻、发生区域、烈度等级等，科学指导现场岩爆防控，最大限度降低岩爆灾害的影响。

附录 岩爆烈度等级预测数据库

序号	工程名称	岩石种类	埋深/m	σ_θ/MPa	σ_c/MPa	σ_t/MPa	W_{et}	岩爆等级	资料来源
1	天生桥二级水电站引水隧洞	白云质灰岩	400	30.00	88.70	3.70	6.60	中级岩爆	王元汉[66]
2	二滩水电站 2 号支洞	正长岩	194	90.00	220.00	7.40	7.30	轻微岩爆	王元汉[66]
3	龙羊峡水电站地下硐室	花岗岩	—	18.80	178.00	5.70	7.40	无岩爆	王元汉[66]
4	鲁布革水电站地下硐室	灰岩	—	34.00	150.00	5.40	7.80	无岩爆	王元汉[66]
5	渔子溪水电站引水隧洞	花岗闪长岩	200	90.00	170.00	11.30	9.00	中级岩爆	王元汉[66]
6	太平驿水电站地下硐室	花岗闪长岩	400	62.60	165.00	9.40	9.00	轻微岩爆	王元汉[66]
7	李家峡水电站地下硐室	黑云母角闪斜长片岩	—	11.00	115.00	5.00	5.70	无岩爆	王元汉[66]
8	瀑布沟水电站地下硐室	花岗闪长岩	—	43.40	123.00	6.00	5.00	中级岩爆	王元汉[66]
9	锦屏二级水电站引水隧洞	大理岩	150	98.60	120.00	6.50	3.80	中级岩爆	王元汉[66]
10	拉西瓦水电站地下厂房	花岗岩	300	55.40	176.00	7.30	9.30	中级岩爆	王元汉[66]
11	挪威 Sima 水电站地下厂房	花岗岩	700	48.75	180.00	8.30	5.00	中级岩爆	王元汉[66]
12	挪威 Heggura 公路隧道	花岗片麻岩	—	62.50	175.00	7.25	5.00	中级岩爆	王元汉[66]
13	挪威 Sewage 隧道	花岗岩	—	75.00	180.00	8.30	5.00	中级岩爆	王元汉[66]
14	瑞典 Forsmark 核电站冷却水隧洞	花岗片麻岩	—	50.00	130.00	6.00	5.00	中级岩爆	王元汉[66]
15	瑞典 Vietas 水电站引水隧洞	石英岩	250	80.00	180.00	6.70	5.50	轻微岩爆	王元汉[66]
16	前苏联 Rasvumchorr 矿井巷	霓霞石-磷霞石	—	57.00	180.00	8.30	5.00	中级岩爆	王元汉[66]
17	日本关越隧道	石英闪长岩	890	89.00	236.00	8.30	5.00	中级岩爆	王元汉[66]

续表

序号	工程名称	岩石种类	埋深/m	σ_θ/MPa	σ_c/MPa	σ_t/MPa	W_{et}	岩爆等级	资料来源
18	意大利 Raibl 铅硫化锌矿井巷	铅锌矿石	—	108.40	140.00	8.00	5.50	强烈岩爆	王元汉[66]
19	秦岭隧道 DyK77+176	花岗岩	—	56.10	131.99	9.44	7.44	中级岩爆	白明洲[146]
20	秦岭隧道 DyK72+440	花岗岩	—	60.70	111.50	7.86	6.16	强烈岩爆	白明洲[146]
21	秦岭隧道某段一	混合岩	1600	54.20	133.99	9.09	7.08	中级岩爆	宫凤强[112]
22	秦岭隧道某段二	混合岩	1600	70.30	128.52	8.73	6.43	中级岩爆	宫凤强[112]
23	括苍山隧道	凝灰岩	200	35.00	133.40	9.30	2.90	轻微岩爆	王吉亮[147]
24	通渝隧道 K21+720 断面	灰岩	—	47.60	80.30	3.50	5.00	轻微岩爆	宫凤强[115]
25	通渝隧道 K21+212 断面	灰岩	—	44.70	82.40	4.70	6.60	轻微岩爆	宫凤强[115]
26	通渝隧道 K21+740 断面	灰岩	1030	43.62	78.10	3.20	6.00	轻微岩爆	康勇[148]
27	通渝隧道 K21+680 断面	灰岩	900	47.56	58.50	3.50	5.00	轻微岩爆	何正[149]
28	江边水电站引 0+550	砂岩	203	91.43	157.63	11.96	6.27	强烈岩爆	张乐文[150]
29	江边水电站引 4+768	白云岩	827	66.77	148.38	8.46	5.08	轻微岩爆	张乐文[150]
30	江边水电站引 4+832	磁铁矿	896	51.50	132.05	6.33	4.63	中级岩爆	张乐文[150]
31	江边水电站引 5+300	红页岩	1117	35.82	127.93	4.43	3.67	轻微岩爆	张乐文[150]
32	江边水电站引 5+486	砂岩	1124	21.50	107.52	2.98	2.29	无岩爆	张乐文[150]
33	江边水电站引 7+366	白云岩	1140	18.32	96.41	2.01	1.87	无岩爆	张乐文[150]
34	江边水电站引 7+790	磁铁矿	983	110.35	167.19	12.67	6.83	强烈岩爆	张乐文[150]
35	江边水电站引 7+806	红页岩	853	26.06	118.46	3.51	2.89	轻微岩爆	张乐文[150]
36	金川二矿区 K1	花岗岩	1000	60.00	135.00	15.04	4.86	轻微岩爆	衣永亮[151]
37	金川二矿区 K2	大理岩	1000	60.00	66.49	9.72	2.15	轻微岩爆	衣永亮[151]
38	金川二矿区 K3	混合岩	1000	60.00	106.38	11.20	6.11	轻微岩爆	衣永亮[151]
39	金川二矿区 K4	含辉橄榄岩	1000	60.00	86.03	7.14	2.85	轻微岩爆	衣永亮[151]
40	金川二矿区 K5	二辉橄榄岩	1000	60.00	145.19	9.30	3.50	轻微岩爆	衣永亮[151]
41	金川二矿区 K6	斜长角闪岩	1000	60.00	136.79	10.42	2.12	轻微岩爆	衣永亮[151]
42	某水电站地下厂房两侧	花岗岩	275	48.00	120.00	1.50	5.80	中级岩爆	丁向东[152]
43	某水电站交通洞	花岗岩	275	49.50	110.00	1.50	5.70	中级岩爆	丁向东[152]
44	某水电站地下厂房拐角处	花岗岩	275	63.00	115.00	1.50	5.70	中级岩爆	丁向东[152]
45	马路坪矿 750mK1	砂岩	750	63.80	110.00	4.50	6.31	中级岩爆	杨金林[153]

续表

序号	工程名称	岩石种类	埋深/m	σ_θ/MPa	σ_c/MPa	σ_t/MPa	W_{et}	岩爆等级	资料来源
46	马路坪矿 750mK2	白云岩	750	2.60	20.00	3.00	1.39	无岩爆	杨金林[153]
47	马路坪矿 750mK3	矿石	750	44.40	120.00	5.00	5.10	轻微岩爆	杨金林[153]
48	马路坪矿 750mK4	红页岩	750	13.50	30.00	2.67	2.03	轻微岩爆	杨金林[153]
49	马路坪矿 700mK1	砂岩	700	70.40	110.00	4.50	6.31	中级岩爆	杨金林[153]
50	马路坪矿 700mK2	白云岩	700	3.80	20.00	3.00	1.39	无岩爆	杨金林[153]
51	马路坪矿 700mK3	矿石	700	57.60	120.00	5.00	5.10	中级岩爆	杨金林[153]
52	马路坪矿 700mK4	红页岩	700	19.50	30.00	2.67	2.03	中级岩爆	杨金林[153]
53	马路坪矿 600mK1	砂岩	600	81.40	110.00	4.50	6.31	强烈岩爆	杨金林[153]
54	马路坪矿 600mK2	白云岩	600	4.60	20.00	3.00	1.39	无岩爆	杨金林[153]
55	马路坪矿 600mK3	矿石	600	73.20	120.00	5.00	5.10	中级岩爆	杨金林[153]
56	马路坪矿 600mK4	红页岩	600	30.00	30.00	2.67	2.03	强烈岩爆	杨金林[153]
57	某工程 G1	白云石灰岩	225	30.10	88.70	3.70	6.60	强烈岩爆	冯夏庭[154]
58	某工程 G2		194	90.00	220.00	7.40	7.30	强烈岩爆	冯夏庭[154]
59	某工程 G3	花岗岩	375	18.80	171.50	6.30	7.00	无岩爆	冯夏庭[154]
60	某工程 G4	石灰岩	435	34.00	149.00	5.90	7.60	轻微岩爆	冯夏庭[154]
61	某工程 G5	黏土砂岩	250	38.20	53.00	3.90	1.60	无岩爆	冯夏庭[154]
62	某工程 G6	大理岩	100	11.30	90.00	4.80	3.60	无岩爆	冯夏庭[154]
63	某工程 G7	石灰岩	300	92.00	263.00	10.70	8.00	轻微岩爆	冯夏庭[154]
64	某工程 G8	闪长岩	330	62.40	235.00	9.50	9.00	强烈岩爆	冯夏庭[154]
65	某工程 G9	花岗岩	223	43.40	136.50	7.20	5.60	强烈岩爆	冯夏庭[154]
66	某工程 G10		425	11.00	105.00	4.90	4.70	无岩爆	冯夏庭[154]
67	大相岭隧道 YK55+119	流纹岩	362	25.70	59.70	1.30	1.70	无岩爆	张俊峰[155]
68	大相岭隧道 YK55+154	流纹岩	374	26.90	62.80	2.10	2.40	轻微岩爆	张俊峰[155]
69	大相岭隧道 YK55+819	流纹岩	775	40.40	72.10	2.10	1.90	轻微岩爆	张俊峰[155]
70	大相岭隧道 YK55+854	流纹岩	799	39.40	65.20	2.30	3.40	中级岩爆	张俊峰[155]
71	大相岭隧道 YK56+080	流纹岩	811	38.20	71.40	3.40	3.60	中级岩爆	张俊峰[155]
72	大相岭隧道 YK56+109	流纹岩	816	45.70	69.10	3.20	4.10	中级岩爆	张俊峰[155]
73	大相岭隧道 YK56+177	流纹岩	841	35.80	67.80	3.80	4.30	中级岩爆	张俊峰[155]
74	大相岭隧道 YK56+343	流纹岩	959	39.40	69.20	2.70	3.80	中级岩爆	张俊峰[155]
75	大相岭隧道 YK56+374	流纹岩	984	40.60	66.60	2.60	3.70	中级岩爆	张俊峰[155]

续表

序号	工程名称	岩石种类	埋深/m	σ_θ/MPa	σ_c/MPa	σ_t/MPa	W_{et}	岩爆等级	资料来源
76	大相岭隧道 YK56+421	流纹岩	1112	39.00	70.10	2.40	4.80	中级岩爆	张俊峰[155]
77	大相岭隧道 YK61+305	流纹岩	981	57.20	80.60	2.50	5.50	强烈岩爆	张俊峰[155]
78	大相岭隧道 YK61+382	流纹岩	808	55.60	114.00	2.30	4.70	中级岩爆	张俊峰[155]
79	大相岭隧道 YK61+400	流纹岩	799	56.90	123.00	2.70	5.20	中级岩爆	张俊峰[155]
80	大相岭隧道 YK61+440	流纹岩	768	62.10	132.00	2.40	5.00	中级岩爆	张俊峰[155]
81	大相岭隧道 YK61+445	流纹岩	764	29.70	116.00	2.70	3.70	轻微岩爆	张俊峰[155]
82	大相岭隧道 YK61+450	流纹岩	760	29.10	94.00	2.60	3.20	轻微岩爆	张俊峰[155]
83	大相岭隧道 YK61+493	流纹岩	729	27.80	90.00	2.10	1.80	无岩爆	张俊峰[155]
84	大相岭隧道 YK61+827	流纹岩	724	30.30	88.00	3.10	3.00	轻微岩爆	张俊峰[155]
85	大相岭隧道 ZK56+451	流纹岩	1048	41.60	67.60	2.70	3.70	中级岩爆	张俊峰[155]
86	大相岭隧道 YK56+479	流纹岩	1074	40.10	72.10	2.30	4.60	中级岩爆	张俊峰[155]
87	大相岭隧道 YK61+201	流纹岩	980	58.20	83.60	2.60	5.90	强烈岩爆	张俊峰[155]
88	大相岭隧道 YK61+352	流纹岩	839	56.80	112.00	2.20	5.20	中级岩爆	张俊峰[155]
89	大相岭隧道 1	流纹岩	374	26.90	62.80	2.10	2.40	轻微岩爆	张俊峰[155]
90	大相岭隧道 2	流纹岩	775	40.40	72.10	2.10	1.90	轻微岩爆	张俊峰[155]
91	大相岭隧道 3	流纹岩	799	39.40	65.20	2.30	3.40	中级岩爆	张俊峰[155]
92	大相岭隧道 4	流纹岩	811	38.20	71.40	3.40	3.60	中级岩爆	张俊峰[155]
93	大相岭隧道 5	流纹岩	816	45.70	69.10	3.20	4.10	中级岩爆	张俊峰[155]
94	大相岭隧道 6	流纹岩	841	35.80	67.80	3.80	4.30	中级岩爆	张俊峰[155]
95	大相岭隧道 7	流纹岩	959	39.40	69.20	2.70	3.80	中级岩爆	张俊峰[155]
96	大相岭隧道 8	流纹岩	984	40.60	66.60	2.60	3.70	中级岩爆	张俊峰[155]
97	大相岭隧道 9	流纹岩	1112	39.00	70.10	2.40	4.80	中级岩爆	张俊峰[155]
98	大相岭隧道 10	流纹岩	981	57.20	80.60	2.50	5.50	强烈岩爆	张俊峰[155]
99	大相岭隧道 11	流纹岩	808	55.60	114.00	2.30	4.70	中级岩爆	张俊峰[155]
100	大相岭隧道 12	流纹岩	799	56.90	123.00	2.70	5.20	中级岩爆	张俊峰[155]
101	大相岭隧道 13	流纹岩	768	62.10	132.00	2.40	5.00	中级岩爆	张俊峰[155]
102	大相岭隧道 14	流纹岩	760	29.10	94.00	2.60	3.20	轻微岩爆	张俊峰[155]
103	大相岭隧道 15	流纹岩	729	27.80	90.00	2.10	1.80	无岩爆	张俊峰[155]
104	大相岭隧道 16	流纹岩	808	55.60	114.00	2.30	4.70	中级岩爆	张俊峰[155]
105	大相岭隧道 17	流纹岩	1048	41.60	67.60	2.70	3.70	中级岩爆	张俊峰[155]
106	大相岭隧道 18	流纹岩	1074	40.10	72.10	2.30	4.60	中级岩爆	张俊峰[155]

续表

序号	工程名称	岩石种类	埋深/m	σ_θ/MPa	σ_c/MPa	σ_t/MPa	W_{et}	岩爆等级	资料来源
107	大相岭隧道 19	流纹岩	980	58.20	83.60	2.60	5.90	强烈岩爆	张俊峰[155]
108	大相岭隧道 20	流纹岩	839	56.80	112.00	2.20	5.20	中级岩爆	张俊峰[155]
109	锦屏二级电站 1+731	云母大理岩	—	46.40	100.00	4.90	2.00	轻微岩爆	梁志勇[156]
110	锦屏二级电站 3+390	云母大理岩	—	88.41	105.00	5.33	2.30	中级岩爆	梁志勇[156]
111	锦屏二级电站 1+640	云母大理岩	—	46.20	105.00	5.30	2.30	轻微岩爆	梁志勇[156]
112	锦屏二级电站 3+000	云母大理岩	—	90.52	107.00	3.92	3.10	中级岩爆	梁志勇[156]
113	程潮铁矿 K1	大理岩	428	18.70	81.20	10.60	1.50	无岩爆	许梦国[46]
114	程潮铁矿 K2	大理岩	510	23.60	82.80	11.20	1.50	无岩爆	许梦国[46]
115	程潮铁矿 K3	花岗斑岩	460	28.60	123.60	11.50	2.50	无岩爆	许梦国[46]
116	程潮铁矿 K4	花岗斑岩	580	72.00	120.50	14.90	2.50	中级岩爆	许梦国[46]
117	程潮铁矿 K5	闪长岩	460	29.80	132.20	7.80	4.60	无岩爆	许梦国[46]
118	程潮铁矿 K6	闪长岩	530	44.60	130.50	11.09	4.60	轻微岩爆	许梦国[46]
119	程潮铁矿 K7	闪长岩	569	66.10	135.20	10.90	4.60	中级岩爆	许梦国[46]
120	程潮铁矿 K8	闪长岩	650	99.40	129.50	11.30	4.60	强烈岩爆	许梦国[46]
121	程潮铁矿 K9	闪长玢岩	515	33.60	156.30	10.20	5.20	无岩爆	许梦国[46]
122	程潮铁矿 K10	闪长玢岩	650	109.80	155.80	11.77	5.20	强烈岩爆	许梦国[46]
123	程潮铁矿 K11	磁铁矿	520	26.90	92.60	9.52	3.70	无岩爆	许梦国[46]
124	程潮铁矿 K12	磁铁矿	550	38.30	90.10	10.20	3.70	中级岩爆	许梦国[46]
125	程潮铁矿 K13	磁铁矿	630	83.90	95.60	8.69	3.70	强烈岩爆	许梦国[46]
126	程潮铁矿 K14	花岗岩	560	55.90	126.80	6.56	8.10	轻微岩爆	许梦国[46]
127	程潮铁矿 K15	花岗岩	670	109.90	128.50	9.63	8.10	强烈岩爆	许梦国[46]
128	程潮铁矿 K16	矽卡岩	570	59.90	96.50	8.00	1.80	轻微岩爆	许梦国[46]
129	程潮铁矿 K17	石英长石斑岩	600	68.00	106.80	6.10	7.20	强烈岩爆	许梦国[46]
130	程潮铁矿 K18	花岗斑岩	520	28.60	122.00	12.00	2.50	中级岩爆	许梦国[46]
131	鑫华矿-570m 中段	大理岩	570	41.73	43.27	3.36	3.57	无岩爆	刘冉[157]
132	鑫华矿-570m 中段马头门附近	闪长岩	570	43.08	114.08	12.29	6.12	中级岩爆	刘冉[157]

续表

序号	工程名称	岩石种类	埋深/m	σ_θ/MPa	σ_c/MPa	σ_t/MPa	W_{et}	岩爆等级	资料来源
133	鑫华矿-600m 中段老石门附近	矽卡岩	600	42.15	83.24	8.52	5.60	轻微岩爆	刘冉[157]
134	终南山隧道竖井工程 S1	混合片麻岩	119	43.10	122.00	5.38	3.31	轻微岩爆	王羽[158]
135	终南山隧道竖井工程 S2	混合片麻岩	283	87.50	121.00	8.73	9.05	强烈岩爆	王羽[158]
136	终南山隧道竖井工程 S3	混合片麻岩	316	79.10	124.00	8.64	7.74	强烈岩爆	王羽[158]
137	终南山隧道竖井工程 S4	混合片麻岩	467	56.20	119.00	7.21	5.52	中级岩爆	王羽[158]
138	终南山隧道竖井工程 S5	混合片麻岩	659	62.80	120.00	6.45	4.16	中级岩爆	王羽[158]
139	苍岭隧道 K97+702~K98+152	凝灰岩	768	32.80	160.00	6.60	4.60	轻微岩爆	王迎超[159]
140	苍岭隧道 K98+152~K98+637	凝灰岩	—	44.80	160.00	6.80	4.90	轻微岩爆	王迎超[159]
141	苍岭隧道 K98+637~K99+638	凝灰岩	—	50.90	160.00	7.50	5.30	中级岩爆	王迎超[159]
142	苍岭隧道 K99+638~K100+892	凝灰岩	—	44.80	160.00	6.70	4.80	轻微岩爆	王迎超[159]
143	苍岭隧道 K100+892~K101+386	凝灰岩	—	22.40	160.00	6.60	4.30	无岩爆	王迎超[77]
144	华丰煤矿 3406	砾岩	775	75.60	20.60	2.74	1.31	强烈岩爆	宋常胜[160]
145	新汶孙村矿 $1218_{上}$ 工作面干样	砂岩	846	59.77	29.30	2.66	2.54	强烈岩爆	宋常胜[160]
146	新汶孙村矿 $1218_{上}$ 工作面注水	砂岩	846	60.06	16.50	2.75	2.14	中级岩爆	宋常胜[160]
147	新汶孙村矿 $1218_{下}$ 工作面干样	砂岩	824	60.00	17.70	2.21	1.79	中级岩爆	宋常胜[160]
148	新汶孙村矿 $1218_{下}$ 工作面注水	砂岩	824	60.00	15.50	2.21	0.70	轻微岩爆	宋常胜[160]
149	凡口铅锌矿 K1	灰岩	900	32.56	63.83	4.91	2.23	中级岩爆	刘章军[161] 李庶林[162]
150	凡口铅锌矿 K2	灰岩	900	58.90	85.36	5.06	3.41	中级岩爆	刘章军[161] 李庶林[162]

续表

序号	工程名称	岩石种类	埋深/m	σ_θ/MPa	σ_c/MPa	σ_t/MPa	W_{et}	岩爆等级	资料来源
151	凡口铅锌矿 K3	铅锌矿	900	44.09	104.97	6.18	10.90	强烈岩爆	刘章军[161] 李庶林[162]
152	凡口铅锌矿 K4	硫铁矿	900	44.40	153.10	10.49	3.14	中级岩爆	刘章军[161] 李庶林[162]
153	会泽铅锌矿 10 号矿体 C_{2w}岩层	灰岩	920	34.15	54.20	12.10	3.17	轻微岩爆	刘章军[161] 唐绍辉[163]
154	冬瓜山矿 K1	矽卡岩	790	89.44	190.30	17.13	3.97	中级岩爆	刘章军[161] 蔡嗣经[164]
155	冬瓜山矿 K2	石榴子石矽卡岩	850	90.25	170.28	12.07	5.76	中级岩爆	刘章军[161] 蔡嗣经[164]
156	冬瓜山矿 K3	粉砂岩	850	89.84	187.17	19.17	7.27	中级岩爆	刘章军[161] 蔡嗣经[164]
157	括苍山隧道 K155+200~K156+178		504	13.90	124.00	4.22	2.04	无岩爆	ZHOU[165] QIN[166]
158	括苍山隧道 K156+203~K157+573		504	17.40	161.00	3.98	2.19	轻微岩爆	ZHOU[165] QIN[166]
159	括苍山隧道 K157+573~K158+078		504	19.00	153.00	4.48	2.11	轻微岩爆	ZHOU[165] QIN[166]
160	括苍山隧道 K157+078~K159+250		504	19.70	142.00	4.55	2.26	轻微岩爆	ZHOU[165] QIN[166]
161	某工程 G1-1	大理岩	—	77.69	74.04	8.96	1.33	无岩爆	QIN[166]
162	某工程 G1-2	大理岩	—	77.07	78.30	6.80	3.11	中级岩爆	QIN[166]
163	某工程 G1-3	矽卡岩	—	67.18	132.20	16.40	3.97	中级岩爆	QIN[166]
164	某工程 G1-4	石榴石矽卡岩	—	75.03	128.60	13.00	5.76	中级岩爆	QIN[166]
165	某工程 G1-5	石英砂岩	—	80.54	237.20	17.66	6.38	中级岩爆	QIN[166]
166	某工程 G1-6	粉砂岩	—	80.04	171.30	22.60	7.27	强烈岩爆	QIN[166]
167	某工程 G1-7	闪长斑岩	—	72.56	304.20	20.90	10.57	强烈岩爆	QIN[166]
168	北洺河铁矿 K1	石灰岩	510	15.20	53.80	5.56	1.92	无岩爆	ZHOU[165] ZHANG[167]
169	北洺河铁矿 K2	闪长岩	510	88.90	142.00	13.20	3.62	强烈岩爆	ZHOU[165] ZHANG[167]
170	北洺河铁矿 K3	磁铁矿	510	59.82	85.80	7.31	2.78	中级岩爆	ZHOU[165] ZHANG[167]

续表

序号	工程名称	岩石种类	埋深/m	σ_θ/MPa	σ_c/MPa	σ_t/MPa	W_{et}	岩爆等级	资料来源
171	北洛河铁矿 K4	矽卡岩	510	32.30	67.40	6.70	1.10	无岩爆	ZHOU[165] ZHANG[167]
172	雪峰山隧道 K101+600~K102+950	变质砂岩	—	29.04	124.15	5.00	4.39	无岩爆	张志龙[168]
173	雪峰山隧道 K102+950~K103+650	砂质板岩	—	40.87	139.00	6.00	0.81	无岩爆	张志龙[168]
174	雪峰山隧道 K103+650~K104+550	变质砂岩	—	50.09	124.00	5.00	6.53	轻微岩爆	张志龙[168]
175	雪峰山隧道 K104+550~K105+400	砂质板岩	—	59.09	88.25	3.60	6.14	中级岩爆	张志龙[168]
176	雪峰山隧道 K105+400~K106+350	变质砂岩	—	62.13	124.00	5.00	4.62	轻微岩爆	张志龙[168]
177	雪峰山隧道 K106+350~K106+950	砂质板岩	—	40.90	88.25	3.60	4.61	轻微岩爆	张志龙[168]
178	雪峰山隧道 K106+950~K108+600	砂质板岩	—	22.93	88.25	3.60	0.81	无岩爆	张志龙[168]
179	红透山铜矿 K1	角闪斜长片麻岩	720	47.50	86.30	6.30	15.60	中级岩爆	刘建坡[169]
180	红透山铜矿 K2	黑云母斜长片麻岩	720	47.50	61.10	7.20	5.30	中级岩爆	刘建坡[169]
181	红透山铜矿 K3	铜矿石	—	47.50	99.20	8.31	7.30	中级岩爆	刘建坡[169]
182	红透山铜矿 K4	辉绿石	—	47.50	91.30	21.00	14.50	中级岩爆	刘建坡[169]
183	红透山铜矿 K5	角闪斜长片麻岩	780	67.20	86.30	6.30	15.60	中级岩爆	刘建坡[169]
184	红透山铜矿 K6	黑云母斜长片麻岩	780	67.20	61.10	7.20	5.30	中级岩爆	刘建坡[169]
185	红透山铜矿 K7	铜矿石	780	67.20	99.20	8.31	7.30	中级岩爆	刘建坡[169]
186	红透山铜矿 K8	辉绿石	—	67.20	91.30	21.00	14.50	中级岩爆	刘建坡[169]
187	红透山铜矿 K9	角闪斜长片麻岩	840	77.00	86.30	6.30	15.60	强烈岩爆	刘建坡[169]
188	红透山铜矿 K10	黑云母斜长片麻岩	—	77.00	61.10	7.20	5.30	强烈岩爆	刘建坡[169]
189	红透山铜矿 K11	铜矿石	—	77.00	99.20	8.31	7.30	强烈岩爆	刘建坡[169]

续表

序号	工程名称	岩石种类	埋深/m	σ_θ/MPa	σ_c/MPa	σ_t/MPa	W_{et}	岩爆等级	资料来源
190	红透山铜矿 K12	辉绿石	—	77.00	91.30	21.00	14.50	强烈岩爆	刘建坡[169]
191	红透山铜矿 K13	角闪斜长片麻岩	900	225.00	86.30	6.30	15.60	强烈岩爆	刘建坡[169]
192	红透山铜矿 K14	黑云母斜长片麻岩	900	225.00	61.10	7.20	5.30	强烈岩爆	刘建坡[169]
193	红透山铜矿 K15	铜矿石	—	225.00	99.20	8.31	7.30	强烈岩爆	刘建坡[169]
194	红透山铜矿 K16	辉绿石	—	225.00	91.30	21.00	14.50	强烈岩爆	刘建坡[169]
195	红透山铜矿 K17	角闪斜长片麻岩	960	274.30	86.30	6.30	15.60	强烈岩爆	刘建坡[169]
196	红透山铜矿 K18	黑云母斜长片麻岩	—	274.30	61.10	7.20	5.30	强烈岩爆	刘建坡[169]
197	红透山铜矿 K19	铜矿石	—	274.30	99.20	8.31	7.30	强烈岩爆	刘建坡[169]
198	红透山铜矿 K20	辉绿石	—	274.30	91.30	21.00	14.50	强烈岩爆	刘建坡[169]
199	红透山铜矿 K21	角闪斜长片麻岩	1020	297.80	86.30	6.30	15.60	强烈岩爆	刘建坡[169]
200	红透山铜矿 K22	黑云母斜长片麻岩	—	297.80	61.10	7.20	5.30	强烈岩爆	刘建坡[169]
201	红透山铜矿 K23	铜矿石	—	297.80	99.20	8.31	7.30	强烈岩爆	刘建坡[169]
202	红透山铜矿 K24	辉绿石	—	297.80	91.30	21.00	14.50	强烈岩爆	刘建坡[169]
203	共和隧道 S1	灰岩	610	42.40	50.00	6.10	5.30	轻微岩爆	张波[170]
204	共和隧道 K42+750		1010	63.60	50.00	4.00	5.30	中级岩爆	张波[170]
205	锦屏辅助洞 0~550	砂岩	463	12.00	85.00	3.60	1.50	无岩爆	肖学沛[171]
206	锦屏辅助洞 500~1500	大理岩	731	21.00	103.00	4.10	2.40	轻微岩爆	肖学沛[171]
207	锦屏辅助洞 1500~5000	大理岩	1456	28.00	100.00	3.90	2.30	轻微岩爆	肖学沛[171]
208	锦屏辅助洞 5000~8100	大理岩	1735	47.00	122.00	5.50	3.40	轻微岩爆	肖学沛[171]
209	锦屏辅助洞 8100~10000	大理岩	2372	52.00	117.00	4.80	3.20	中级岩爆	肖学沛[171]
210	锦屏辅助洞 10000~13500	大理岩	1765	42.00	117.00	4.80	3.20	中级岩爆	肖学沛[171]
211	锦屏辅助洞 13500~15000	大理岩	1878	32.00	117.00	4.80	3.20	轻微岩爆	肖学沛[171]
212	锦屏辅助洞 15000~16200	大理岩	—	24.00	110.00	4.40	3.00	轻微岩爆	肖学沛[171]
213	锦屏辅助洞 16200~17230	灰岩	—	20.00	112.00	4.70	2.50	无岩爆	肖学沛[171]

续表

序号	工程名称	岩石种类	埋深/m	σ_θ/MPa	σ_c/MPa	σ_t/MPa	W_{et}	岩爆等级	资料来源
214	安禄隧道 S1	白云质灰岩	370	17.39	102.30	1.30	6.58	中级岩爆	姜来峰[172]
215	安禄隧道 S2	白云质灰岩	370	17.02	85.09	1.30	6.14	中级岩爆	姜来峰[172]
216	安禄隧道 S3	白云岩	373	16.70	83.60	1.30	6.53	中级岩爆	姜来峰[172]
217	安禄隧道 S4	白云岩	373	17.35	86.77	1.30	3.22	中级岩爆	姜来峰[172]
218	安禄隧道 S5	砂质板岩	375	16.87	80.83	1.30	6.92	中级岩爆	姜来峰[172]
219	安禄隧道 S6	砂质板岩	375	17.08	94.90	1.30	6.91	中级岩爆	姜来峰[172]
220	铜绿山铜铁矿 K1	花岗闪长斑岩	—	61.91	92.40	8.28	5.43	中级岩爆	王官宝[173]
221	铜绿山铜铁矿 K2	花岗闪长斑岩	—	127.13	189.74	8.95	5.43	中级岩爆	王官宝[173]
222	高黎贡山隧道 S1	花岗斑岩	—	57.97	125.37	7.74	2.86	轻微岩爆	郭长宝[174]
223	高黎贡山隧道 S2	花岗斑岩	700	57.97	96.16	3.77	2.53	轻微岩爆	郭长宝[174]
224	高黎贡山隧道 S3	花岗斑岩	700	57.97	70.68	4.19	2.87	轻微岩爆	郭长宝[174]
225	锦屏二级水电站 S1	黑云母花岗斑岩	174	15.97	114.07	11.96	2.40	无岩爆	ZHANG[175]
226	锦屏二级水电站 S2	黑云母花岗斑岩	275	19.14	106.31	11.96	2.07	无岩爆	ZHANG[175]
227	锦屏二级水电站 S3	黑云母花岗斑岩	187	12.96	117.81	11.96	2.49	无岩爆	ZHANG[175]
228	锦屏二级水电站 S4	黑云母花岗斑岩	267	31.05	147.85	11.96	3.00	中级岩爆	ZHANG[175]
229	锦屏二级水电站 S5	黑云母花岗斑岩	215	29.09	138.5	11.96	2.77	无岩爆	ZHANG[175]
230	锦屏二级水电站 S6	黑云母花岗斑岩	272	32.40	140.88	11.96	2.86	轻微岩爆	ZHANG[175]
231	锦屏二级水电站 S7	黑云母花岗斑岩	644	34.89	151.7	10.66	3.17	轻微岩爆	ZHANG[175]
232	锦屏二级水电站 S8	黑云母花岗斑岩	692	16.21	135.07	10.33	2.49	轻微岩爆	ZHANG[175]
233	锦屏二级水电站 S9	黑云母花岗斑岩	970	30.56	160.83	11.06	3.63	强烈岩爆	ZHANG[175]
234	锦屏二级水电站 S10	黑云母花岗斑岩	1107	19.36	113.87	4.43	2.38	轻微岩爆	ZHANG[175]

续表

序号	工程名称	岩石种类	埋深/m	σ_θ/MPa	σ_c/MPa	σ_t/MPa	W_{et}	岩爆等级	资料来源
235	锦屏二级水电站 S11	黑云母石灰岩	1205	33.15	106.94	2.98	2.15	中级岩爆	ZHANG[175]
236	锦屏二级水电站 S12	黑云母石灰岩	1184	9.74	88.51	2.98	1.77	无岩爆	ZHANG[175]
237	锦屏二级水电站 S13	黑云母石灰岩	1373	11.75	83.96	2.98	2.15	无岩爆	ZHANG[175]
238	锦屏二级水电站 S14	黑云母石灰岩	1689	39.94	117.48	2.98	2.37	轻微岩爆	ZHANG[175]
239	锦屏二级水电站 S15	黑云母石灰岩	1606	39.82	128.46	2.98	2.40	中级岩爆	ZHANG[175]
240	锦屏二级水电站 S16	黑云母石灰岩	1220	46.22	140.07	2.01	3.29	轻微岩爆	ZHANG[175]
241	锦屏二级水电站 S17	黑云母石灰岩	920	30.95	123.79	12.67	2.57	轻微岩爆	ZHANG[175]
242	锦屏二级水电站 S18	黑云母石灰岩	785	40.99	186.3	12.67	4.10	中级岩爆	ZHANG[175]
243	锦屏二级水电站 S19	黑云母石灰岩	772	20.82	122.47	12.67	2.81	轻微岩爆	ZHANG[175]
244	锦屏二级水电站 S20	黑云母石灰岩	644	36.09	164.05	12.67	3.59	中级岩爆	ZHANG[175]
245	锦屏二级水电站 1	黑云母花岗斑岩	—	16.62	156.86	10.66	4.83	中级岩爆	ZHANG[176]
246	锦屏二级水电站 2	黑云母花岗斑岩	—	16.47	156.90	10.33	4.39	中级岩爆	ZHANG[176]
247	锦屏二级水电站 3	黑云母花岗斑岩	—	16.43	157.95	11.06	4.99	强烈岩爆	ZHANG[176]
248	锦屏二级水电站 4	黑云母花岗斑岩	—	16.30	155.28	10.63	4.40	中级岩爆	ZHANG[176]
249	某工程 G1-11		—	16.40	156.23	10.51	4.14	轻微岩爆	SUN[177]
250	某工程 G1-12		—	16.40	156.14	10.30	4.04	轻微岩爆	SUN[177]
251	某工程 G1-13		—	16.40	157.34	10.55	4.26	中级岩爆	SUN[177]
252	某工程 G1-14		—	16.40	155.63	10.42	4.20	中级岩爆	SUN[177]
253	茶林顶隧道	白云质灰岩	380	12.00	95.00	5.58	5.10	无岩爆	余雪祯[178]
254	新城金矿 K1	黑云母花岗岩	—	50.28	77.30	7.65	2.47	轻微岩爆	LI[179]

续表

序号	工程名称	岩石种类	埋深/m	σ_θ/MPa	σ_c/MPa	σ_t/MPa	W_{et}	岩爆等级	资料来源
255	新城金矿 K2	花岗岩	—	50. 28	94. 70	5. 26	2. 96	中级岩爆	LI[179]
256	新城金矿 K3	花岗岩	660	50. 28	59. 00	5. 23	0. 88	无岩爆	LI[179]
257	新城金矿 K4	黑云母花岗岩	630	44. 80	77. 30	7. 65	2. 47	轻微岩爆	LI[179]
258	新城金矿 K5	黑云母花岗岩	—	48. 00	77. 30	7. 65	2. 47	轻微岩爆	LI[179]
259	新城金矿 K6	黑云母花岗岩	—	53. 40	77. 30	7. 65	2. 47	轻微岩爆	LI[179]
260	新城金矿 K7	黑云母花岗岩	—	54. 90	77. 30	7. 65	2. 47	轻微岩爆	LI[179]
261	新城金矿 K8	花岗岩	630	44. 80	94. 70	5. 26	2. 96	中级岩爆	LI[179]
262	新城金矿 K9	花岗岩	630	48. 00	94. 70	5. 26	2. 96	中级岩爆	LI[179]
263	新城金矿 K10	花岗岩	—	53. 40	94. 70	5. 26	2. 96	中级岩爆	LI[179]
264	新城金矿 K11	花岗岩	—	54. 90	94. 70	5. 26	2. 96	中级岩爆	LI[179]
265	新城金矿 K12	花岗岩	—	44. 80	59. 00	5. 23	0. 88	无岩爆	LI[179]
266	新城金矿 K13	花岗岩	630	48. 00	59. 00	5. 23	0. 88	无岩爆	LI[179]
267	新城金矿 K14	花岗岩	—	53. 40	59. 00	5. 23	0. 88	无岩爆	LI[179]
268	新城金矿 K15	花岗岩	630	54. 90	59. 00	5. 23	0. 88	无岩爆	LI[179]
269	新城金矿 K	大理岩	805	77. 69	74. 04	8. 96	1. 33	无岩爆	LI[179]
270	新城金矿 K	大理岩	795	77. 07	78. 30	6. 80	3. 11	中级岩爆	LI[179]
271	新城金矿 K	矽卡岩	635	67. 18	132. 20	16. 40	3. 97	中级岩爆	LI[179]
272	新城金矿 K	石榴石矽卡岩	762	75. 03	128. 60	13. 00	5. 76	中级岩爆	LI[179]
273	新城金矿 K	粉砂岩	843	80. 04	171. 30	22. 60	7. 27	强烈岩爆	LI[179]
274	白马铁矿 K2+400~K3+560	正长岩	—	20. 61	54. 23	2. 49	3. 17	轻微岩爆	张运动[180]
275	某工程 K1	砂岩	—	18. 64	70. 00	4. 85	7. 27	强烈岩爆	ZHAO[181]
276	某工程 K2	砂岩	—	18. 20	60. 00	1. 90	2. 84	轻微岩爆	ZHAO[181]
277	某工程 1	黏土砂岩	—	7. 28	52. 00	3. 70	1. 30	无岩爆	ZHOU[125]
278	某工程 2	大理岩	—	9. 57	99. 70	4. 80	3. 80	无岩爆	ZHOU[125]
279	某工程 3	石灰岩	682	50. 60	63. 83	5. 06	2. 23	轻微岩爆	ZHOU[125]
280	某工程 4	石灰岩	682	50. 60	85. 36	4. 91	3. 41	轻微岩爆	ZHOU[125]

续表

序号	工程名称	岩石种类	埋深/m	σ_θ/MPa	σ_c/MPa	σ_t/MPa	W_{et}	岩爆等级	资料来源
281	某工程 5	铅锌矿	682	50.60	104.97	6.18	10.90	强烈岩爆	ZHOU[125]
282	某工程 6		610	42.40	50.00	6.10	5.30	轻微岩爆	ZHOU[125]
283	某工程 7		400	18.20	60.00	1.90	2.84	轻微岩爆	ZHOU[125]
284	某工程 8	花岗岩	290	53.00	147.20	7.18	5.00	中级岩爆	ZHOU[125]
285	公格尔水电站 4+384~5+441		—	53.20	124.63	8.55	3.71	中级岩爆	郝杰[182]
286	公格尔水电站 7+567~8+332		—	72.40	140.56	8.60	6.85	中级岩爆	郝杰[182]
287	公格尔水电站 10+692~11+724		—	80.52	168.44	13.47	6.35	强烈岩爆	郝杰[182]
288	公格尔水电站 13+570~14+168		—	85.28	172.55	11.63	6.17	中级岩爆	郝杰[182]
289	公格尔水电站 16+000~16+989		—	82.33	178.06	15.27	7.79	强烈岩爆	郝杰[182]
290	南非金矿矿山巷道		2404	108.00	214.00	8.30	7.10	强烈岩爆	孙臣生[183]
291	南非 Hoist 地下硐室		1450	93.90	198.00	7.90	6.30	中级岩爆	孙臣生[183]
292	美国 Galena 金矿		1200	52.00	175.00	7.00	5.20	中级岩爆	孙臣生[183]
293	美国 CAD-A 矿		2400	66.80	190.00	8.40	5.70	强烈岩爆	孙臣生[183]
294	美国 CAD-B 矿		1900	109.40	190.00	6.10	6.90	中级岩爆	孙臣生[183]
295	美国 CAD-C 矿		1200	85.70	185.00	7.70	5.80	轻微岩爆	孙臣生[183]
296	前苏联 X 矿山		1740	79.80	180.00	6.30	4.70	中级岩爆	孙臣生[183]
297	瑞士布鲁格水电站地下硐室		740	35.60	155.00	5.30	7.90	无岩爆	孙臣生[183]
298	乌兹别克斯坦卡姆奇克隧道		1400	59.60	149.00	7.90	6.90	强烈岩爆	孙臣生[183]
299	美国加利纳矿		1700	51.60	180.00	6.10	4.10	轻微岩爆	孙臣生[183]
300	重丘山岭某隧道	灰岩	410	12.70	91.20	5.40	5.20	无岩爆	孙臣生[183]
301	中国巴玉隧道		2080	74.20	190.00	8.90	7.10	强烈岩爆	孙臣生[183]

参考文献

[1] 冯夏庭，肖亚勋，丰光亮，等. 岩爆孕育过程研究 [J]. 岩石力学与工程学报，2019，38 (4)：649-673.

[2] 李夕兵，宫凤强，王少锋，等. 深部硬岩矿山岩爆的动静组合加载力学机制与动力判据 [J]. 岩石力学与工程学报，2019，38 (4)：708-723.

[3] 李鹏翔，陈炳瑞，周扬一，等. 硬岩岩爆预测预警研究进展 [J]. 煤炭学报，2019，44 (S2)：447-465.

[4] 严健，何川，汪波，等. 雅鲁藏布江缝合带深埋长大隧道群岩爆孕育及特征 [J]. 岩石力学与工程学报，2019，38 (4)：769-781.

[5] 陈原望. 阿舍勒铜矿深井开采岩爆现象研究及应对措施探索 [J]. 新疆有色金属，2018 (2)：80-82.

[6] 田睿，孟海东，陈世江，等. 基于深度神经网络的岩爆烈度分级预测研究 [J]. 煤炭学报，2020，45 (S1)：191-201.

[7] HOEK E, BROWN E T. Underground excavation in rock [M]. London: Institute of Mining and Metallurgy, 1980.

[8] 贾义鹏. 岩爆预测方法与理论模型研究 [D]. 杭州：浙江大学，2014.

[9] 潘一山，章梦涛，王来贵，等. 地下硐室岩爆的相似材料模拟试验研究 [J]. 岩土工程学报，1997，19 (4)：49-56.

[10] COOK N G W. The basic mechanics of rockbursts [J]. Journal of the South African Institute of Mining and Metallurgy, 1963 (63): 71-81.

[11] WONG T F, SZETO H, ZHANG J X. Effect of loading path and porosity on the failure mode of porous rocks [J]. Applied Mechanics Reviews, 1992, 45 (8): 281-289.

[12] 殷有泉，张宏. 断裂带内介质的软化特性和地震的非稳定模型 [J]. 地震学报，1984 (2)：135-145.

[13] 章梦涛. 冲击地压失稳理论与数值模拟计算 [J]. 岩石力学与工程学报，1987，6 (3)：197-204.

[14] 唐宝庆，曹平. 从全应力-应变曲线的角度建立岩爆的能量指标 [J]. 江西有色金属，1995 (1)：15-20.

[15] 张子健. 玲南金矿深部开采岩爆危险性分析与危险区域预测 [D]. 北京：北京科技大学，2015.

[16] WANG J A, PARK H D. Comprehensive prediction of rockburst based on analysis of strain energy in rocks [J]. Tunnelling and Underground Space Technology, 2001, 16 (1): 49-57.

[17] SINGH S P. Burst energy release index [J]. Rock Mechanics and Rock Engineering, 1988, 21 (2): 149-155.

[18] SINGH S P. Classification of mine workings according to their rockburst proneness [J]. Mining Science and Technology, 1989, 8 (3): 253-262.

[19] 于群. 深埋隧洞岩爆孕育过程及预警方法研究 [D]. 大连：大连理工大学，2016.

[20] LIPPMANN H. The mechanics of translatory rock bursting [M]. Ontario: University of

Waterloo Press, 1978.
[21] 章梦涛，徐曾和，潘一山，等．冲击地压和突出的统一失稳理论［J］．煤炭学报，1991，(4)：48-53.
[22] MANSUROV V A. Prediction of rockbursts by analysis of induced seismicity data [J]. International Journal of Rock Mechanics and Mining Sciences, 2001, 38 (6): 893-901.
[23] BAZANT Z P, JIRASEK M. R-curve modeling of rate and size effects in quasibrittle fracture [J]. International Journal of Fracture, 1993, 62 (4): 355-373.
[24] 周瑞忠．岩爆发生的规律和断裂力学机理分析［J］．岩土工程学报，1995，17（6）：111-117.
[25] 赵本均，腾学军．冲击地压及其防治［M］．北京：煤炭工业出版社，1995.
[26] 唐春安．岩石破裂过程中的灾变［M］．北京：煤炭工业出版社，1993.
[27] 潘岳．巷道“封闭式”冲击的尖点突变模型［J］．岩土力学，1994，15（1）：34-41.
[28] 潘岳，耿厚才．“折断式”顶板大面积冒落的尖点突变模型［J］．有色金属，1989，41（4）：19-26.
[29] 左宇军，李夕兵，赵国彦．洞室层裂屈曲岩爆的突变模型［J］．中南大学学报（自然科学版），2005，36（2）：311-316.
[30] 潘一山，章梦涛，李国臻．洞室岩爆的尖角型突变模型［J］．应用数学和力学，1994，15（10）：893-900.
[31] MANDEBROT B B. The fractal geometry of nature [M]. New York: W. H. Freeman and Company, 1983.
[32] 谢和平，PARISEAU W G. 岩爆的分形特征及机理［J］．岩石力学与工程学报，1993，12（1）：28-37.
[33] 李玉，黄梅，张连城，等．冲击地压防治中的分维数［J］．岩土力学，1994，15（4）：34-38.
[34] 李德建，贾雪娜，苗金丽，等．花岗岩岩爆试验碎屑分形特征分析［J］．岩石力学与工程学报，2010，29（S1）：3280-3289.
[35] 李玉生．矿山冲击名词探讨——兼评“冲击地压”［J］．煤炭学报，1982（2）：89-95.
[36] 齐庆新，刘天泉，史元伟．冲击地压的摩擦滑动失稳机理［J］．矿山压力与顶板管理，1995（Z1）：174-177.
[37] 齐庆新，史元伟，刘天泉．冲击地压粘滑失稳机理的实验研究［J］．煤炭学报，1997，22（2）：144-148.
[38] RUSSENES B F. Analysis of rock spalling for tunnels in steep valley sides [D]. Trondheim: Norwegian Institute of Technology, 1974.
[39] BARTON N, LIEN R, LUNDE J. Engineering classification of rock masses for the design of tunnel support [J]. Rock Mechanics, 1974 (6): 189-236.
[40] TURCHANINOV I A. Condition of extra hard rock into weak under the influence of tectonic stress of massifs [C] // Proceedings of International Symposium Weak Rock, Tokyo, 1981: 555-559.
[41] HOEK E, BROWN E T. Underground Excavation in Rock [M]. London: Institute of Mining

and Metallurgy, 1980.
[42] 陶振宇．高地应力区的岩爆及其判别 [J]．人民长江，1987 (5)：25-32.
[43] 徐林生，王兰生．二郎山公路隧道岩爆发生规律与岩爆预测研究 [J]．岩土工程学报，1999，21 (5)：569-572.
[44] KIDYBINSKI A Q. Bursting liability indices of coal [C] // International Journal of Rock Mechanics and Mining Sciences & Geomechanics Abstracts, Pergamon, 1981: 295-304.
[45] 唐礼忠，王文星．一种新的岩爆倾向性指标 [J]．岩石力学与工程学报，2006，21 (6)：874-878.
[46] 许梦国，杜子建，姚高辉，等．程潮铁矿深部开采岩爆预测 [J]．岩石力学与工程学报，2008，27 (S1)：2921-2928.
[47] 陈卫忠，吕森鹏，郭小红，等．基于能量原理的卸围压试验与岩爆判据研究 [J]．岩石力学与工程学报，2009，28 (8)：1530-1541.
[48] 侯发亮，宋一乐，桑大勇．岩石的全程应力应变曲线及岩爆倾向指数分析 [C] // 第二届全国岩石动力学学术会议论文集，武汉：武汉测绘科技大学出版社，1990：21-26.
[49] 陆家佑．水工引水隧洞岩爆机制研究 [C] // 第一届全国岩石力学数值计算及模型试验讨论会论文集，成都：西南交通大学出版社，1986：210-214.
[50] 侯发亮，刘小明，王敏强．岩爆成因再分析及烈度划分探讨 [C] // 第三届全国岩石动力学学术会议论文集，武汉：武汉测绘科技大学出版社，1992：448-457.
[51] 彭祝，王元汉，李廷芥．Griffith 理论与岩爆的判别准则 [J]．岩石力学与工程学报，1996，15 (S1)：491-495.
[52] 潘一山，李忠华．矿井岩石结构稳定性的解析方法 [C] // 全国固体力学学术会议论文集，北京：科学出版社，2002：717-727.
[53] 谷明成，何发亮，陈成宗．秦岭隧道岩爆的研究 [J]．岩石力学与工程学报，2002，21 (9)：1324-1329.
[54] 张津生，陆家佑，贾愚如．天生桥二级水电站引水隧洞岩爆研究 [J]．水力发电，1991 (10)：34-37.
[55] 张镜剑，傅冰骏．岩爆及其判据和防治 [J]．岩石力学与工程学报，2008，27 (10)：2034-2042.
[56] 梁鹏，张艳博，田宝柱，等．巷道岩爆过程能量演化特征实验研究 [J]．岩石力学与工程学报，2019，38 (4)：736-746.
[57] 冯夏庭，吴世勇，李邵军，等．中国锦屏地下实验室二期工程安全原位综合监测与分析 [J]．岩石力学与工程学报，2016，35 (4)：649-657.
[58] LEI X L, KUSUNOSE K, RAO M V M S, et al. Quasi-static fault growth and cracking in homogeneous brittle rock under triaxial compression using acoustic emission monitoring [J]. Journal of Geophysical Research: Solid Earth, 2000, 105 (B3): 6127-6139.
[59] 陈炳瑞，冯夏庭，肖亚勋，等．深埋隧洞 TBM 施工过程围岩损伤演化声发射试验 [J]．岩石力学与工程学报，2010，29 (8)：1562-1569.
[60] FAJKLEWICZ Z. Rock-burst forecasting and genetic research in coal-mines by microgravity method [J]. Geophysical Prospecting, 1983 (31): 748-765.

[61] BIENIAWSKI Z J. Mechanism of brittle fracture of rocks [J]. International Journal of Rock Mechanics and Mining Sciences, 1967 (4): 395-430.

[62] 吴其斌. 微重力方法在岩爆预测中的应用 [J]. 地球物理学进展, 1993, 8 (3): 136-142.

[63] 何雄辉, 肖红飞. 基于麦克斯韦方程的矿山岩爆现象研究 [J]. 物理与工程, 2007, 17 (3): 47-50.

[64] FRID V. Calculation of electromagnetic radiation criterion for rockburst hazard forecast in coal mines [J]. Pure and Applied Geophysics, 2001, 158 (5): 931-944.

[65] 谭以安. 模糊数学综合评判在地下洞室岩爆预测中的应用 [C] // 第二次全国岩石力学与工程学术会议论文集, 北京: 知识出版社, 1989: 247-253.

[66] 王元汉, 李卧东, 李启光, 等. 岩爆预测的模糊数学综合评判方法 [J]. 岩石力学与工程学报, 1998, 17 (5): 493-501.

[67] ADOKO A C, GOKCEOGLU C, LI Wu. Knowledge-based and data-driven fuzzy modeling for rockburst prediction [J]. International Journal of Rock Mechanics & Mining Sciences, 2013, 61 (4): 86-95.

[68] WANG C L, WU A X, LU H, et al. Predicting rockburst tendency based on fuzzy matter-element model [J]. International Journal of Rock Mechanics & Mining Sciences, 2015 (75): 224-232.

[69] 蔡文, 杨春燕, 林伟初. 可拓工程方法 [M]. 北京: 科学出版社, 1997.

[70] 杨莹春, 诸静. 一种新的岩爆分级预报模型及其应用 [J]. 煤炭学报, 2000, 25 (2): 169-172.

[71] 张永习. 可拓综合评判在某水工隧洞岩爆等级评价中的应用 [J]. 山东大学学报 (工学版), 2012, 42 (2): 58-63.

[72] 胡建华, 尚俊龙, 周科平. 岩爆烈度预测的改进物元可拓模型与实例分析 [J]. 中国有色金属学报, 2013, 23 (2): 495-502.

[73] 尹彬, 陆卫东, 贾宝山, 等. 岩爆危险性评价的变权物元可拓模型 [J]. 金属矿山, 2017 (5): 54-59.

[74] 姜彤, 黄志全, 赵彦彦. 动态权重灰色归类模型在南水北调西线工程岩爆风险评估中的应用 [J]. 岩石力学与工程学报, 2004, 23 (7): 1104-1108.

[75] 刘金海, 冯涛, 袁坚. 基于非线性灰色归类模型的岩爆预测方法 [J]. 地下空间与工程学报, 2005, 1 (6): 821-824.

[76] 朱连根, 黄曼. 岩爆预测的灰色关联系统分析与评价 [J]. 工程地质学报, 2011, 19 (5): 664-668.

[77] 王迎超, 尚岳全, 孙红月, 等. 基于熵权-理想点法的岩爆烈度预测模型及其应用 [J]. 煤炭学报, 2010, 35 (2): 218-221.

[78] 贾义鹏, 吕庆, 尚岳全, 等. 基于粗糙集-理想点法的岩爆预测 [J]. 浙江大学学报 (工学版), 2014, 48 (3): 498-503.

[79] 刘磊磊, 张绍和, 王晓密. 基于物元矩阵和理想点法的岩爆烈度预测 [J]. 地下空间与工程学报, 2016, 12 (1): 205-212.

[80] 徐琛，刘晓丽，王恩志，等．基于组合权重-理想点法的应变型岩爆五因素预测分级 [J]. 岩土工程学报，2017，39（12）：2245-2252.
[81] 周科平，雷涛，胡建华．深部金属矿山 RS-TOPSIS 岩爆预测模型及其应用 [J]. 岩石力学与工程学报，2013，32（S2）：3705-3711.
[82] 龚剑，胡乃联，崔翔，等．基于 AHP-TOPSIS 评判模型的岩爆倾向性预测 [J]. 岩石力学与工程学报，2014，33（7）：1442-1448.
[83] 胡泉光，陈方明，宁光忠．CW-TOPSIS 岩爆评判模型及应用 [J]. 山东大学学报（工学版），2017，47（2）：20-25.
[84] 李德毅，杜鹢．不确定性人工智能 [M]. 北京：国防工业出版社，2014.
[85] 王迎超，靖洪文，张强，等．基于正态云模型的深埋地下工程岩爆烈度分级预测研究 [J]. 岩土力学，2015，36（4）：1189-1194.
[86] 郝杰，侍克斌，王显丽，等．基于模糊 C-均值算法粗糙集理论的云模型在岩爆等级评价中的应用 [J]. 岩土力学，2016，37（3）：859-866.
[87] ZHOU K P, LIN Y, DENG H W, et al. Prediction of rock burst classification using cloud model with entropy weight [J]. Transactions of Nonferrous Metals Society of China, 2016, 26 (7): 1995-2002.
[88] 张彪，戴兴国．基于指标距离与不确定度量的岩爆云模型预测研究 [J]. 岩土力学，2017，38（S2）：257-265.
[89] 过江，张为星，赵岩．岩爆预测的多维云模型综合评判方法 [J]. 岩石力学与工程学报，2018，37（5）：1199-1206.
[90] 李绍红，王少阳，朱建东，等．基于权重融合和云模型的岩爆倾向性预测研究 [J]. 岩土工程学报，2018，40（6）：1075-1083.
[91] 文畅平．属性综合评价系统在岩爆发生和烈度分级中的应用 [J]. 工程力学，2008，25（6）：153-158.
[92] 汪明武，李丽，金菊良．岩爆预测的改进集对分析模型 [J]. 岩土力学，2008，28（S1）：511-518.
[93] 史秀志，周健，董蕾，等．未确知测度模型在岩爆烈度分级预测中的应用 [J]. 岩石力学与工程学报，2010，29（S1）：2720-2726.
[94] 王迎超，靖洪文，吉咸伟，等．深埋地下工程岩爆烈度分级预测的 RS-功效系数模型 [J]. 中南大学学报（自然科学版），2014，45（6）：1992-1997.
[95] 贾义鹏，吕庆，尚岳全，等．基于证据理论的岩爆预测 [J]. 岩土工程学报，2014，36（6）：1079-1086.
[96] 刘磊磊，张绍和，王晓密．变权靶心贴近度在岩爆烈度预测中的应用 [J]. 爆炸与冲击，2015，35（1）：43-50.
[97] 冯夏庭．地下峒室岩爆预报的自适应模式识别方法 [J]. 东北大学学报，1994，15（5）：471-475.
[98] 陈海军，郦能惠，聂德新，等．岩爆预测的人工神经网络模型 [J]. 岩土工程学报，2002，24（2）：229-232.
[99] 周科平，古德生．基于 GIS 的岩爆倾向性模糊自组织神经网络分析模型 [J]. 岩石力学

与工程学报，2004，23（18）：3093-3097.
[100] 葛启发，冯夏庭．基于AdaBoost组合学习方法的岩爆分类预测研究［J］．岩土力学，2008，29（4）：943-948.
[101] 彭琦，张茹，谢和平，等．基于AE时间序列的岩爆预测模型［J］．岩土力学，2009，30（5）：1436-1440.
[102] 张乐文，张德永，李术才，等．基于粗糙集理论的遗传-RBF神经网络在岩爆预测中的应用［J］．岩土力学，2012，33（S1）：270-276.
[103] 贾义鹏，吕庆，尚岳全．基于粒子群算法和广义回归神经网络的岩爆预测［J］．岩石力学与工程学报，2013，32（2）：343-348.
[104] FARADONBEH R S, TAHERI A. Long term prediction of rockburst hazard in deep underground openings using three robust data mining techniques [J]. Engineering with Computers, 2019 (35): 659-675.
[105] 吴顺川，张晨曦，成子桥．基于PCA-PNN原理的岩爆烈度分级预测方法［J］．煤炭学报，2019，44（9）：2767-2776.
[106] 冯夏庭，赵洪波．岩爆预测的支持向量机［J］．东北大学学报（自然科学版），2002，23（1）：57-59.
[107] 祝云华，刘新荣，周军平．基于ν-SVR算法的岩爆预测分析［J］．煤炭学报，2008，33（3）：277-281.
[108] ZHOU J, LI X B, SHI X Z. Long-term prediction model of rockburst in underground openings using heuristic algorithms and support vector machines [J]. Safety Science, 2012 (50): 629-644.
[109] 李宁，王李管，贾明涛．基于粗糙集理论和支持向量机的岩爆预测［J］．中南大学学报（自然科学版），2017，48（5）：1268-1275.
[110] PU Y Y, APEL D B, XU H W. Rockburst prediction in kimberlite with unsupervised learning method and support vector classifier [J]. Tunnelling and Underground Space Technology, 2019 (90): 12-18.
[111] WU S C, WU Z G, ZHANG C X. Rockburst prediction probability model based on case analysis [J]. Tunnelling and Underground Space Technology, 2019 (93): 103069.
[112] 宫凤强，李夕兵．岩爆发生和烈度分级预测的距离判别方法及应用［J］．岩石力学与工程学报，2007，26（5）：1012-1018.
[113] 白云飞，邓建，董陇军，等．深部硬岩岩爆预测的FDA模型及其应用［J］．中南大学学报（自然科学版），2009，40（5）：1417-1422.
[114] 付玉华，董陇军．岩爆预测的Bayes判别模型及应用［J］．中国矿业大学学报，2009，38（4）：528-533.
[115] 宫凤强，李夕兵，张伟，等．基于Bayes判别分析方法的地下工程岩爆发生及烈度分级预测［J］．岩土力学，2010，31（S1）：370-377.
[116] 杨悦增，邓红卫，虞松涛．基于随机森林模型的岩爆等级预测研究［J］．矿冶工程，2017，37（4）：23-27.
[117] DONG L J, LI X B, PENG K. Prediction of rockburst classification using Random Forest [J].

Transactions of Nonferrous Metals Society of China, 2013, 23 (2): 472-477.

[118] 苏国韶，张小飞，燕柳斌．基于案例推理的岩爆预测方法 [J]．采矿与安全工程学报，2008，25 (1)：63-67.

[119] 高玮．基于蚁群聚类算法的岩爆预测研究 [J]．岩土工程学报，2010，32 (6)：874-880.

[120] 张研，苏国韶，燕柳斌．基于高斯过程机器学习的岩爆等级识别方法 [J]．地下空间与工程学报，2011，7 (2)：392-397.

[121] 田杰，王威，郭小东，等．基于分形插值模型的岩爆预测研究 [J]．北京工业大学学报，2012，38 (4)：481-487.

[122] 言志信，贺香，龚斌．基于粒子群优化的 PLS-LCF 岩爆灾害预测模型研究 [J]．岩石力学与工程学报，2013，32 (S2)：3180-3186.

[123] 王羽，许强，柴贺军，等．工程岩爆灾害判别的 RBF-AR 耦合模型 [J]．吉林大学学报（地球科学版），2013，43 (6)：1943-1949.

[124] PU Y Y, APEL D B, LINGGA B. Rockburst prediction in kimberlite using decision tree with incomplete data [J]. Journal of Sustainable Mining, 2018 (17): 158-165.

[125] ZHOU J, LI X B, MITRI H S. Classification of Rockburst in Underground Projects: Comparison of Ten Supervised Learning Methods [J]. Journal of Computing in Civil Engineering, 2016 (5): 30.

[126] KONICEK P, SAHARAN M R, MITRI H S. Destress blasting in coal mining-state-of-the-art review [J]. Procedia Engineering, 2011 (26): 179-194.

[127] 严鹏，陈拓，卢文波，等．岩爆动力学机理及其控制研究进展 [J]．武汉大学学报（工学版），2018，51 (1)：1-14.

[128] TANG B Y. Rockburst control using destress blasting [D]. Montreal: McGill University, 2000.

[129] 吴爱祥．有岩爆矿山开采技术的研究 [J]．岩石力学与工程学报，1996，15 (S1)：496-499.

[130] COOK N G W, HOEK E, PRETORIU J P, et al. Rock mechanics applied to study of rock bursts [J]. Journal of the South African Institute of Mining and Metallurgy, 1966, 66 (12): 695.

[131] 李天斌，孟陆波，王兰生．高地应力隧道稳定性及岩爆、大变形灾害防治 [M]．北京：科学出版社，2016.

[132] 陈宗基．岩爆的工程实录、理论与控制 [J]．岩石力学与工程学报，1987 (1)：1-18.

[133] 徐林生，王兰生，李天斌．国内外岩爆研究现状综述 [J]．长江科学院院报，1999，16 (4)：25-28.

[134] KAISER P K, CAI M. Design of rock support system under rock burst condition [J]. Journal of Rock Mechanics and Geotechnical Engineering, 2012, 4 (3): 215-227.

[135] QIU S L, FENG X T, ZHANG C Q, et al. Estimation of rock burst wall-rock velocity invoked by slab flexure sources in deep tunnels [J]. Canadian Geotechnical Journal, 2014, 51 (5): 520-539.

[136] 刘宁，张春生，单治钢，等．岩爆风险下深埋长大隧洞支护设计与工程实践［J］. 岩石力学与工程学报，2019，38（S1）：2934-2943.

[137] 何满潮，李晨，宫伟力，等. NPR 锚杆/索支护原理及大变形控制技术［J］. 岩石力学与工程学报，2016，35（8）：1513-1529.

[138] 唐杰灵，李天斌，曾鹏，等．岩爆柔性防护网及其动力特性分析［J］. 岩石力学与工程学报，2019，38（4）：793-802.

[139] 周德培，洪开荣．太平驿隧洞岩爆特征及防治措施［J］. 岩石力学与工程学报，1995（2）：171-178.

[140] 张传庆，卢景景，陈珺，等．岩爆倾向性指标及其相互关系探讨［J］. 岩土力学，2017，38（5）：1397-1404.

[141] HOMAND F, PIGUET J P, REVALOR R. Dynamic phenomena in mines and characteristics of rocks［C］// Rockbursts and Seismicity in Mines, Rotterdam, 1990：139-142.

[142] 佩图霍夫 H M. 煤矿冲击地压［M］. 王佑安，译．北京：煤炭工业出版社，1980.

[143] 布霍依诺 G. 矿山压力和冲击地压［M］. 李玉生，译．北京：煤炭工业出版社，1985.

[144] 谭以安．岩爆烈度分级问题［J］. 地质论评，1992，38（5）：439-443.

[145] 冯夏庭，陈炳瑞，张传庆，等．岩爆孕育过程的机制、预警与动态调控［M］. 北京：科学出版社，2013.

[146] 白明洲，王连俊，许兆义，等．岩爆危险性预测的神经网络模型及应用研究［J］. 中国安全科学学报，2002，12（4）：65-69.

[147] 王吉亮，陈剑平，杨静，等．岩爆等级判定的距离判别分析方法及应用［J］. 岩土力学，2009，30（7）：2201-2208.

[148] 康勇．深埋隧道围岩破坏机理相关问题研究［D］. 重庆：重庆大学，2006.

[149] 何正，李晓红，卢义玉，等. BP 神经网络模型在深埋隧道岩爆预测中的应用［J］. 地下空间与工程学报，2008，4（3）：494-498.

[150] 张乐文，张德永，邱道宏．基于粗糙集的可拓评判在岩爆预测中的应用［J］. 煤炭学报，2010，35（9）：1461-1465.

[151] 衣永亮，曹平，蒲成志．金川深部典型岩石岩爆倾向性多因素综合评判［J］. 科技导报，2010，28（2）：76-80.

[152] 丁向东，吴继敏，李健，等．岩爆分类的人工神经网络预测方法［J］. 河海大学学报（自然科学版），2003（4）：424-427.

[153] 杨金林，李夕兵，周子龙，等．基于粗糙集理论的岩爆预测模糊综合评价［J］. 金属矿山，2010（6）：26-29.

[154] FENG X T, WANG L N. Rockburst prediction based on neural networks［J］. Transactions of Nonferrous Metals Society of China, 1994（1）：7-14.

[155] 张俊峰．大相岭隧道岩爆灾害分阶段预测与控制技术研究［D］. 成都：西南交通大学，2010.

[156] 梁志勇．锦屏二级水电站引水隧洞岩爆预测及防治对策研究［D］. 成都：成都理工大学，2004.

[157] 刘冉，叶义成，张光权，等．岩爆分级预测的粗糙集-多维正态云模型［J］. 金属矿山，

2019（3）：48-55.

［158］王羽，许强，柴贺军，等．工程岩爆灾害判别的 RBF-AR 耦合模型［J］．吉林大学学报（地球科学版），2013，43（6）：1943-1949.

［159］王迎超，尚岳全，孙红月，等．基于功效系数法的岩爆烈度分级预测研究［J］．岩土力学，2010，31（2）：529-534.

［160］宋常胜，李德海．深部开采岩爆预测的神经网络方法［J］．河南理工大学学报（自然科学版），2007，26（4）：365-369.

［161］刘章军，袁秋平，李建林．模糊概率模型在岩爆烈度分级预测中的应用［J］．岩石力学与工程学报，2008，27（S1）：3095-3103.

［162］李庶林，冯夏庭，王泳嘉，等．深井硬岩岩爆倾向性评价［J］．东北大学学报，2001（1）：60-63.

［163］唐绍辉，吴壮军，陈向华．地下深井矿山岩爆发生规律及形成机理研究［J］．岩石力学与工程学报，2003（8）：1250-1254.

［164］蔡嗣经，张禄华，周文略．深井硬岩矿山岩爆灾害预测研究［J］．中国安全生产科学技术，2005（5）：19-22.

［165］ZHOU J, LI X B, SHI X Z. Long-term prediction model of rockburst in underground openings using heuristic algorithms and support vector machines［J］. Safety Science, 2012, 50（4）: 629-644.

［166］QIN S W, CHEN J P, WANG Q. Research on rockburst prediction with extenics evaluation based on rough set［C］// Proceedings of the 13th International Symposium on Rockburst and Seismicity in Mines, Dalian, 2009: 937-944.

［167］ZHANG L X, LI C H. Study on tendency analysis of rockburst and comprehensive prediction of different types of surrounding rock［C］// Proceedings of the 13th International Symposium on Rockburst and Seismicity in Mines, Dalian, 2009: 1451-1456.

［168］张志龙．邵怀高速公路雪峰山隧道岩爆与大变形预测研究［D］．成都：成都理工大学，2002.

［169］刘建坡．深井矿山地压活动与微震时空演化关系研究［D］．沈阳：东北大学，2011.

［170］张波．基于岩体各向异性深埋公路隧道安全稳定性研究［D］．武汉：中国科学院研究生院（武汉岩土力学研究所），2007.

［171］肖学沛．锦屏二级水电站交通隧道岩爆预测及防治研究［D］．成都：成都理工大学，2005.

［172］姜来峰．广昆铁路安禄隧道岩爆预测和防治研究［D］．成都：西南交通大学，2008.

［173］王官宝，张世雄，任高峰．铜绿山铜铁矿深部开采的岩爆分析预测［J］．矿业安全与环保，2005，32（5）：20-22.

［174］郭长宝，张永双，邓宏科，等．基于岩爆倾向性的高黎贡山深埋隧道岩爆预测研究［J］．工程勘察，2011（10）：8-13.

［175］ZHANG C Q, ZHOU H, FENG X T. An index for estimating the stability of brittle surrounding rock mass: FAI and its engineering application［J］. Rock Mechanics and Rock Engineering, 2011, 44（4）: 401-414.

[176] ZHANG C Q, FENG X T, ZHOU H, et al. Case histories of four extremely intense rockbursts in deep tunnels [J]. Rock Mechanics and Rock Engineering, 2012, 45 (3): 275-288.

[177] SUN H F, LI S C, QIU D H, et al. Application of extensible comprehensive evaluation to rockburst prediction in a relative shallow chamber [C] // The 7th International Symposium on Rockburst and Seismicity in Mines, Dalian, 2009: 798-805.

[178] 余雪祯．公路隧道地质灾害预测及其处治措施数据库管理系统开发 [D]. 重庆：重庆大学，2009.

[179] LI L. Study on scheme optimization and rockburst prediction in deep mining in Xincheng gold mine [D]. University of Science and Technology, 2009.

[180] 张运动，刘星，胡志全．地下工程中基于人工神经网络的岩爆预测 [J]. 湖南有色金属，2007，23 (3)：1-4.

[181] ZHAO X F. Study on the high geo-stress and rockburst of thedeep-lying long tunnel [D]. North China University of Water Resources and Electric Power, 2007.

[182] 郝杰．高地应力区隧洞施工期围岩质量评价及稳定性研究 [D]. 乌鲁木齐：新疆农业大学，2015.

[183] 孙臣生．基于改进 MATLAB-BP 神经网络算法的隧道岩爆预测模型 [J]. 重庆交通大学 (自然科学版)，2019，38 (10)：41-49.

[184] BREIMAN L. Random Forests [J]. Machine Learning, 2001, 45 (1): 5-32.

[185] BREIMAN L, FRIEDMAN J H, OLSHEN R A, et al. Classification and regression trees [M]. New York: Chapman and Hall, 1984.

[186] 李航．统计学习方法 [M]. 北京：清华大学出版社，2019.

[187] HUNT E B, MARIN J, STONE P T. Experiments in induction [M]. Pittsburgh: Academic Press, 1966.

[188] QUINLAN J R. Induction of decision tree [J]. Machine Learning, 1986 (1): 81-106.

[189] QUINLAN J R. C4. 5: Programs for machine learning [M]. San Francisco: Morgan Kaufmann Publishers, 1992.

[190] SCHAPIRE R E. The strength of weak learn ability [J]. Machine Learning, 1990 (5): 197-227.

[191] FREUND Y. Boosting a weak algorithm by majority [J]. Information and Computation, 1995, 121 (2): 256-285.

[192] BREIMAN L. Bagging predictors [J]. Machine Learning, 1996, 24 (2): 123-140.

[193] SAATY T L. The analytic hierarchy process [M]. McGraw-Hill Company, 1980.

[194] 赵焕臣，许树柏，和金生．层次分析法：一种简易的新决策方法 [M]. 北京：科学出版社，1986.

[195] 朱茵，孟志勇．用层次分析法计算权重 [J]. 北京交通大学学报，1999，23 (5)：119-122.

[196] 周志华．机器学习 [M]. 北京：清华大学出版社，2016.

[197] 刘坚，李树林，陈涛．基于优化随机森林模型的滑坡易发性评价 [J]. 武汉大学学报 (信息科学版)，2018，43 (7)：1085-1091.

[198] 侯慧，耿浩，肖祥，等．台风灾害下用户停电区域预测及评估 [J]．电网技术，2019，43 (6)：1948-1954.

[199] 李汇文，王世杰，白晓永，等．西南近 50 年实际蒸散发反演及其时空演变 [J]．生态学报，2018，38 (24)：8835-8848.

[200] 田睿，孟海东，陈世江，等．RF-AHP-云模型下岩爆烈度分级预测模型研究 [J]．中国安全科学学报，2020，30 (7)：166-172.

[201] 鲁月．基于随机森林因素筛选的国产电影票房组合预测模型研究 [D]．南京：南京航空航天大学，2019.

[202] 黄海生，王汝传．基于隶属云理论的主观信任评估模型研究 [J]．通信学报，2008，29 (4)：13-19.

[203] 谢立军，朱志强，孙磊，等．基于隶属度理论的云服务行为信任评估模型研究 [J]．计算机应用研究，2013，30 (4)：1051-1054.

[204] 李敬明．萤火虫群智能优化算法及其应用研究 [D]．合肥：合肥工业大学，2017.

[205] KRISHNANAND K N, GHOSE D. Detection of multiple source locations using a glowworm metaphor with applications to collective robotics [C] // Proceedings of IEEE Swarm Intelligence Symposium, Piscataway, 2005: 84-91.

[206] YANG X S. Nature-inspired metaheuristic algorithms [M]. Luniver press, 2010.

[207] 田睿，孟海东，陈世江，等．基于机器学习的三种岩爆烈度分级预测模型对比研究 [J]．黄金科学技术，2020，28 (6)：920-929.

[208] 张铃，张钹．佳点集遗传算法 [J]．计算机学报，2001，24 (9)：917-922.

[209] BURGE C J C. A tutorial on support vector machines for pattem recognition [J]. Data Mining and Knowledge Discovery, 1998 (2): 121-167.

[210] 邱锡鹏．神经网络与深度学习 [M]．北京：机械工业出版社，2020.

[211] 山下隆义．图解深度学习 [M]．张弥，译．北京：人民邮电出版社，2018.

[212] 塔里克·拉希德．Python 神经网络编程 [M]．林赐，译．北京：人民邮电出版社，2018.

[213] 郑泽宇，梁博文，顾思宇．TensorFlow：实战 Google 深度学习框架 [M]．北京：电子工业出版社，2018.

[214] HINTON G E, OSINDERO S, TEH Y W. A fast learning algorithm for deep belief nets [J]. Neural Computation, 2006, 18 (7): 1527-1554.

[215] LECUN Y, BENGIO Y, HINTON G E. Deep learning [J]. Nature, 2015, 521 (7553): 436-444.

[216] 弗朗索瓦·肖莱．Python 深度学习 [M]．张亮，译．北京：人民邮电出版社，2018.

[217] 涌井良幸，涌井贞美．深度学习的数学 [M]．杨瑞龙，译．北京：人民邮电出版社，2019.

[218] 巴尔加瓦．算法图解 [M]．袁国忠，译．北京：人民邮电出版社，2017.

[219] NAIR V, HINTON G E. Rectified linear units improve restricted boltzmann machines [C] // Proceedings of the 27th International Conference on Machine Learning, Haifa, 2010: 807-814.

[220] GLOROT X, BORDES A, BENGIO Y. Deep sparse rectifier neural networks [C] //

Proceedings of the 14th International Conference on Artificial Intelligence and Statistics, Fort Lauderdale, 2011: 315-323.

[221] BRIDLE J S. Probabilistic interpretation of feedforward classification network outputs, with relationships to statistical pattern recognition [C] // Proceedings of Neuro-computing: Algorithms, Architectures and Applications, 1989: 227-236.

[222] RUMELHART D E, HINTON G E, WILLIAMS R J. Learning representations by back propagating errors [J]. Nature, 1986, 323 (6088): 533-536.

[223] SHANNON C E. A mathematical theory of communication [J]. Bell Labs Technical Journal, 1948, 27 (4): 379-423.

[224] GOODFELLOW I J, BENGIO Y, COURVILLE A. Deep learning [M]. Cambridge: MIT Press, 2016.

[225] 斋藤康毅. 深度学习入门: 基于 Python 的理论与实践 [M]. 陆宇杰, 译. 北京: 人民邮电出版社, 2018.

[226] SRIVASTAVA N, HINTON G E, KRIZHEVSKY A. Dropout: a simple way to prevent neural networks from overfitting [J]. The Journal of Machine Learning Research, 2014, 15 (1): 1929-1958.

[227] KINGMA D, BA J. Adam: A method for stochastic optimization [C] // Proceedings of the 3rd International Conference for Learning Representations, 2015: 1-15.

[228] WILSON A C, ROELOFS R, STERN M, et al. The marginal value of adaptive gradient methods in machine learning [C] // Proceedings of the 31st Conference on Neural Information Processing Systems, Long Beach, 2017: 1-14.

[229] 张慧. 深度学习中优化算法的研究与改进 [D]. 北京: 北京邮电大学, 2017.

[230] MADHIARASAN M, DEEPA S N. Comparative analysis on hidden neurons estimation in multi layer perceptron neural networks for wind speed forecasting [J]. Artificial Intelligence Review, 2016, 48 (4): 1-23.

[231] 王明洋, 严东晋, 周早生, 等. 岩石单轴试验全程应力应变曲线讨论 [J]. 岩石力学与工程学报, 1998, 17 (1): 101-106.